Brigitte von Messner

Porzellanpuppen selber machen und gestalten

Brigitte von Messner

Porzellan-puppen

selber machen und gestalten

Material • Techniken
Schnittmusterbogen

Augustus Verlag

Inhalt

Vorwort 5

Puppenformen 6
Qualitätsmerkmale
und Bauweisen 6

Porzellangießmassen 7

Gießen und Trocknen
der Porzellanteile 8
Material und Werkzeug 8
Vorbereiten
der Porzellangießmasse 9
Vorbereiten der Formen 11
Eingießen in die Formen 12
Zugzeiten und Bestimmung
der Wandstärken 13
Ausgießen der Formen 14
Öffnen der Formen 16
Bearbeitung im lederharten
Zustand 19
Trocknen 21
Lagern und Reinigen
der Formen 21

Schleifen 22
Material und Werkzeug 22
Schleifarbeiten 23
Ausarbeiten der Finger
und Füße 24
Konturen im Gesicht 27
Grobschliff der Oberfläche 30
Schrühbrand 31
Ofenbestückung und Brenn-
temperaturen 31
Naßschliff nach dem
Schrühbrand 31
Reinigung der Schrühlinge 32

Brennen 33
Porzellanbrennöfen 33
Segerkegelofen 33
Automatikofen 34
Zusätzliche Hilfsmittel 34
Brenntemperaturen
im Automatikofen 34
Brenntemperaturen
im Segerkegelofen 35
Ofenbestückung 35
Fehler und Fehlerkorrektur
nach dem Brennen 37
Über- und Unterfeuerung 37
Glanzstellen 37
Haarrisse und verzogene Teile . . . 37

Bemalung 38
Material und Werkzeug 39
Vorbereiten der Porzellanteile . . . 40
Farbtypbestimmung 40
Bemalung im Detail 42
Schatten und Akzente 42
Augenbrauen und Wimpern 43
Lippen 45
Fuß- und Fingernägel 46
Körperrouge 46
Einfärben der gesamten Puppe . . 49
Hell-Dunkel-Kontraste 49

Farbbrand 50
Brenntemperaturen
der verschiedenen Farben 50
Farbveränderungen
beim Brennen 51
Ofenbestückung 51

Zusammenbau 52
Material und Werkzeug 52
Auswahl der Augen 53
Perücken 53
Körper 54
Einsetzen der Augen
und Wimpern 54
Zusammensetzen der Puppe 56
Befestigung der Perücke 58
Frisieren 58

Ankleiden 61

Das Baby Nana-Sue ist es, das dem Betrachter hier aus Spitzen und Kissen entgegenlächelt.

Vorwort

Mit diesem Buch möchte ich Ihnen die Möglichkeit geben, den Geheimnissen des Porzellanpuppenmachens auf die Spur zu kommen.
Als ich vor einigen Jahren dieses wunderschöne Hobby für mich entdeckt habe, stand ich vor einigen Problemen. Es war nicht einfach, an Information zu kommen, die meisten Puppenmacherinnen behielten ihre Techniken und Erfahrungen für sich.

Da ich diese wunderschönen Wesen aber unbedingt besitzen wollte, war ich gezwungen, mir vieles selbst beizubringen. Voller Tatendrang und immer schon die fertige Puppe vor Augen wurde versucht und ausprobiert, und nach einiger Zeit kamen auch ganz brauchbare Resultate zustande. Natürlich ging anfangs manches schief, aber ich wurde nie müde, es noch mal zu versuchen. Als ich genügend Sicherheit und Erfahrung im Puppenmachen hatte, eröffnete ich eine Puppenmacherschule, die vom ersten Tag an gut besucht war. Über 1000 Reproduktionspuppen wurden in den Seminaren erstellt und alle waren wunderschön.

Durch meine Tätigkeit als Kursleiterin habe ich sehr viel Routine im Umgang mit den Materialien bekommen. Bei der Bemalung kam mir mein Kunststudium zugute und ich konnte einige gängige Techniken vereinfachen, so daß Sie sich auch dann an dieses Hobby wagen dürfen, wenn Sie im Malen weniger versiert sind.

Ich hoffe und wünsche mir, daß Ihnen das Puppenmachen ebenso viel Spaß und Freude bereitet wie mir. Alles, was Sie brauchen, ist ein wenig Geduld, Ausdauer und Freude am Gestalten

Ihre

Brigitte von Meerman

Vorbemerkung

Neben den notwendigen Materialien und Werkzeugen, die im folgenden beschrieben werden, sollten Sie für das Puppenmachen auch über einen kleinen Raum verfügen, in dem Sie Ihre Arbeit auch mal unterbrechen und liegen lassen können. Ein Keller oder eine Abstellkammer sind für diese Zwecke bestens geeignet, denn zum Puppenmachen gehört auch ein wenig Schmutz. Farbige oder schmutzige Hände sollten Sie jedoch nicht scheuen. Genießen Sie statt dessen wie ich jeden Handgriff, der Sie dem Endergebnis näherbringt.

Puppenformen

Die Zahl der am Markt angebotenen Formen ist riesig, und letztlich ist Ihr eigener Geschmack ausschlaggebend bei der Auswahl.

Zu Beginn ist es ratsam, mit einer nicht zu komplizierten Form zu arbeiten. Die in diesem Buch vorgestellten Puppen sind als Formensätze über die Firma Fine Hobby erhältlich.

Qualitätsmerkmale und Bauweisen

Die heute erhältlichen Formen sind meist von guter bis hervorragender Qualität. Entscheidend ist der für die Form verwendete Gips: Je reiner und feiner er ist, desto besser können Sie mit der Form arbeiten, desto haltbarer und einfacher ist die Form in der Handhabung.

Gute Formen schließen an den Rändern sehr dicht ab. Wenn Sie gegen das Licht gehalten werden, dürfen keine großen Lücken sichtbar sein. Die einzelnen Teile der Form müssen sich außerdem leicht ineinanderfügen.

Es sind sowohl zweiteilige (also sehr einfache) Formen, als auch fünf- bis siebenteilige Formen erhältlich. Die Aufteilung ergibt sich aus der Kopfform und der Hand- oder Fußhaltung der Puppe. Je mehr Teile eine Form aufweist, desto sorgfältiger muß sie beim Öffnen und Schließen behandelt werden.

Porzellangießmassen

Die meisten Porzellangießmassen sind flüssig und in Gallonen abgefüllt. Manchmal wird Porzellan auch in Pulverform zum Anmischen angeboten. Die Mischverhältnisse gibt der Hersteller dann auf der Verpackung an.

Die Gießmassen sind in den unterschiedlichsten Einfärbungen erhältlich: von Blauweiß über leicht Rosa, Hellbraun, sonnengebräunter Teint, leichter Mulattenton, dunkler Indianerton, bis zu Schwarz, Grün und Rot.

Für den Hobbybereich ist eingefärbtes Porzellan eine feine Sache, weil es die Arbeit erleichtert. Denn weißes Porzellan auf Hauton zu färben ist ein langer und aufwendiger Prozeß. »Haut« und »Desert Tan« bzw. »Champagner« und »leicht sonnengebräunt« sind die meistverwendeten Farben.

Auf dem Markt sind verschiedene Formen erhältlich, die zwei- oder mehrteilig sein können.

Porzellangießmassen sind in unterschiedlichen Einfärbungen erhältlich.

Gießen und Trocknen der Porzellanteile

Material und Werkzeug

- *Diverse Formen*
- *Porzellangießmasse oder -pulver in passenden Farben*
- *Verdünner und destilliertes Wasser*
- *Isoalkohol*
- *Rundholz, Ø1,5 cm oder ein sehr großer Kochlöffel (bzw. Bohrmaschine)*
- *Gitterrost (z.B. alter Rost aus einem Herd) oder Holzlatten*
- *Gummibänder zum Schließen der Formen (werden meist mitgeliefert)*
- *Dicker, weicher Pinsel zum Säubern der Formen*
- *Plastikschüssel mit Ausgießer (Fassungsvermögen ca. 5 l)*
- *Plastikeimer*
- *Feines Haarsieb*
- *Nylonstrumpf*
- *Strohhalme aus Plastik (möglichst lang) oder kleiner Schlauch (Infusionsschlauch)*
- *Wasserzerstäuber*
- *Eieruhr (zum Einstellen der Zugzeiten)*
- *Skalpelle*
- *Lochstecher*
- *Schaschlikstäbe*
- *Lange dünne Nadel zum Durchstechen der Ohrläppchen*
- *Unbedrucktes Zeitungspapier (Restrollen bei einer Druckerei holen)*
- *Schwammtücher, Schwämme und Putzlappen*
- *Bratenspritze oder große Einwegspritze*

Der vorbereitet Arbeitsplatz, am besten neben der Spüle, mit Gitterrosten, auf denen Sie die Formen abstellen können.

Decken Sie Ihre Arbeitsfläche immer mit Papier ab, ehe Sie ans Eingießen gehen, und bereiten Sie auch den Gitterrost oder eine andere Abtropfmöglichkeit (zum Beispiel zwei Holzlatten, die parallel liegen) vor.

Vorbereiten der Porzellangießmasse

An der idealen Konsistenz der Gießmasse müssen Sie arbeiten, da die Massen in den meisten Fällen zu dickflüssig sind oder das Porzellan eben zunächst nur in Pulverform vorliegt. Manche Hersteller empfehlen, die Gallone am Boden zu rollen,

Viele der Werkzeuge und Materialien, die Sie zum Gießen benötigen, werden Sie schon zu Hause haben.

damit sich das Porzellan im Behälter gut vermischt und gießfähig wird. Davon möchte ich Ihnen abraten, da dabei meist ungewollte Luftbläßchen entstehen.

Die besten Erfahrungen haben ich mit folgender Methode gemacht: Gallone öffnen, mit einem Rundstab die etwas eingedickte Masse an den Seitenwänden abschaben und dann gleichmäßig, im und gegen den Uhrzeigersinn, umrühren.

Da die Öffnungen der Gallonen sehr eng sind, können Sie die Gießmasse auch in einen großen Eimer umfüllen. Das erleichtert das Verrühren. Vor dem Umfüllen lösen Sie das Porzellan jedoch erst etwas von den Gallonenwänden ab. Das ist zwar ein wenig anstrengend und zeitaufwendig, aber auf diese Art lassen sich die ungeliebten Luftbläßchen am besten vermeiden.

Manchmal, wenn es schneller gehen soll, greife ich auch zur Bohrmaschine mit Rühreinsatz und rücke dem Porzellan damit zu Leibe. Aber Vorsicht: Starten Sie beim Rühren nicht mit zu hoher Geschwindigkeit und drücken Sie den Rührstab an den Gallonenboden. Sie werden schnell ein Gefühl für die ideale Geschwindigkeit und Handhabung bekommen. Ein weiterer Tip: Legen Sie während des Rührens einen nassen Putzlappen unter die Gallone oder den Eimer, das verhindert das Verrutschen.

Die Gießmasse muß am Ende die Konsistenz von dicker Milch oder dickem Olivenöl haben. Ist die Masse zu dick, fügen Sie die am Markt angebotenen Verdünner oder destiliertes Wasser hinzu. Geben Sie beim Verdünnen aber nie zu viel Wasser auf einmal dazu, sondern verdünnen Sie nach und nach, bis die gewünschte Konsistenz erreicht ist. Dann nochmals sorgfältig rühren, damit sich kein Wasserrand bildet und alle Bestandteile und das Wasser sich zu einer gleichmäßigen Masse verbinden.

Klopfen Sie zum Schluß außen an die Gallone oder den Eimer, damit Luftbläßchen schneller aufsteigen und zerplatzen.

Bevor Sie das verrührte Porzellan in die Form füllen, gießen Sie es durch ein feines Haarsieb. Dabei platzen auch die letzten Luftblasen und unerwünschte Verdickungen und Schmutzteile bleiben im Sieb zurück.

Wenn Sie mit derselben Gallone einen Tag später wieder gießen, müssen Sie das Porzellan nochmals durch das Sieb gießen. Es könnten sich kleine Ablagerungen zu dicken Brocken verbunden haben, was Ihr Gießergebnis beeinträchtigt. Denn Luftblasen, kleinen Verdickungen, Dreck und Staubpartikel sammeln sich in den seltensten Fällen am Hinterkopf der Puppe, wo der Schaden kaum sichtbar wäre. Sie sind grundsätzlich mitten im Gesicht und zerstören dadurch oft die bereits geleistete Arbeit.

Schlieren wie diese dürfen sich in der fertig gerührten Masse nicht mehr befinden – sie würden Ihr Gießergebnis beeinträchtigen.

Gießen Sie die Masse aus der Gallone durch ein Sieb, so können Verdickungen und Schmutzteile aufgefangen werden.

Schmutz und Ablagerungen wie diese würden jedes gegossene Porzellanteil unbrauchbar machen.

Wenn Sie die Masse durch ein mit einem Nylonstrumpf überspanntes Sieb gießen, sind Sie auch vor kleinsten Schmutzpartikeln sicher.

Sollte das Porzellan nach dieser Prozedur immer noch nicht völlig gereinigt sein, spannen Sie einen Nylonstrumpf über das Sieb und filtern die Masse noch einmal durch. Die engen Maschen des Strumpfes halten auch Staub und kleinste Schmutzpartikel zurück.

Vorbereiten der Formen

Bevor Sie die Porzellanmasse in die Formen gießen, öffnen Sie diese und reinigen sie mit einem weichen Pinsel oder Wattestäbchen von Staub und Schmutzteilchen. Arbeiten Sie vorsichtig, damit die Form nicht beschädigt wird. Je sorgfältiger Sie mit Ihrer Form umgehen, desto länger ist ihre Lebensdauer.

Reinigen Sie die geöffnete Form mit einem Wattestäbchen oder Pinsel.

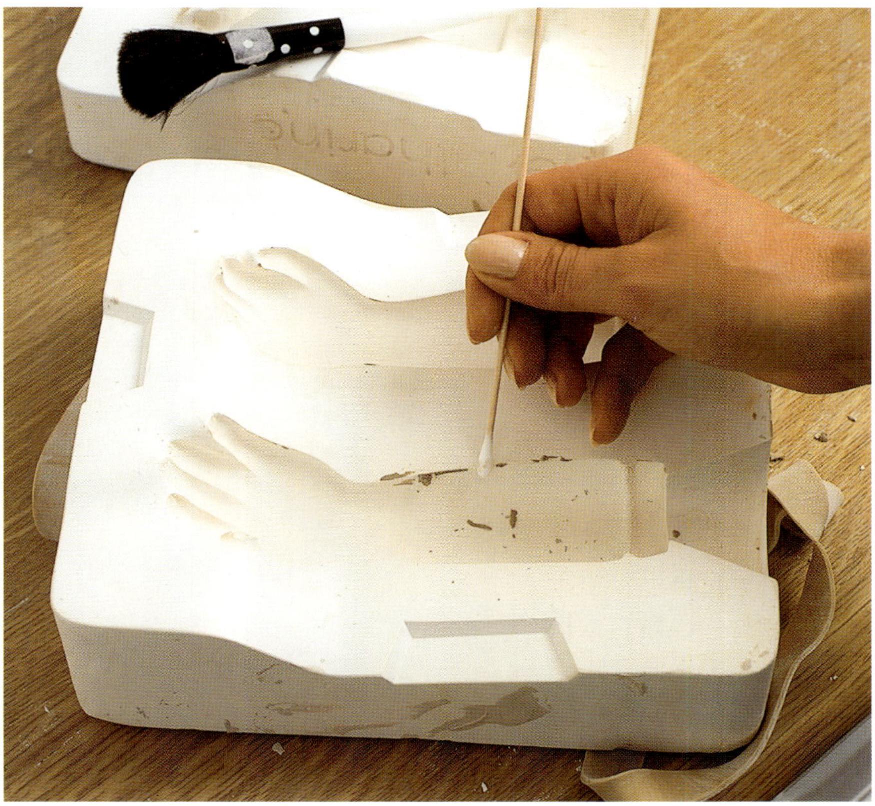

Gießen Sie die Masse gleichmäßig und zügig in die Formen.

Die Form wurde bis zum oberen Rand der Einfülltrichter ausgegossen, es haben sich Rillen gebildet, die die Wandstärke des Rohlings anzeigen.

Formen, die über einen längeren Zeitraum (vier Wochen und mehr) nicht benutzt wurden, sind sehr trocken und müssen mit destiliertem Wasser besprüht werden. Nicht durchnässen, nur einmal innen mit dem Wasserzerstäuber besprühen. Dann schließen Sie die Form mit den Gummibändern. Sie müssen stramm sitzen und die Form fest zusammenhalten. Bei zu locker sitzenden oder alten und porösen Bändern besteht die Gefahr, daß das Porzellan beim Eingießen wieder aus der Form läuft.

Eingießen in die Formen

Nun kann es losgehen. Stellen Sie die geschlossenen Formen mit dem Eingußloch nach oben vor sich auf, so daß Sie sicher und bequem gießen können. Große Formen stellen Sie auf niedrige Tische, um leichter mit ihnen arbeiten zu können. Kleinere und mittelgroße Formen lassen sich leicht auf normaler Tischhöhe bearbeiten.

Achten Sie darauf, daß Sie ausreichend Gießmasse in Ihrer Gallone oder in Ihrer Gießschüssel haben. Das vorbereitete und gesiebte Porzellan nicht mehr mit dem Rundholz rühren, sondern kurz vor dem Gießen nochmals mit dem Finger (nicht zu tief eintauchen!) von der Mitte nach außen verrühren. Das verringert die Zahl der ungeliebten Schlieren, die sich sonst auf der Porzellanoberfläche bilden könnten.

Gießen Sie die Masse in die Mitte des Eingußloches oder lassen Sie die Masse an einer Seitenwand des Einfülltrichters entlanglaufen, so daß die Masse in der Formenmitte zuerst auftrifft.

Es ist wichtig, daß das Porzellan beim Einfüllen nicht an den seitlichen Innenwänden der Form entlangläuft. Gießen Sie gleichmäßig, zügig und ohne Unterbrechung das Porzellan in die Form. Füllen Sie die Form bis ganz zum oberen Rand aus. Wenn Sie zu langsam gießen oder den Gießvorgang unterbrechen, entstehen auf dem Rohling tiefe Rillen (siehe Foto), die sich fast nicht mehr entfernen lassen, außer Sie tragen beim Verschleifen sehr viel von der Oberfläche ab.

Reinigen Sie Ihre Gießschüssel am Ausgießer mit einem Schwammtuch oder mit den Fingern, bevor Sie die nächste Form ausgießen. Diese Reinigung ist wichtig, da herabfallende Porzellantropfen sonst in der Form landen und auf dem Rohling Flecken bilden könnten. Füllen Sie Ihren Gießbehälter wieder mit ausreichend Porzellanmasse, bevor Sie die nächste Form ausgießen.

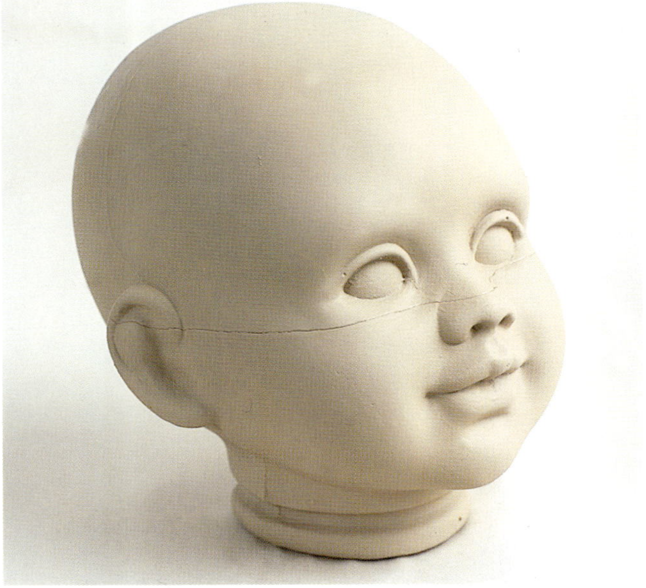

Solch eine Rille entsteht, wenn Sie den Gießvorgang unterbrechen – der Kopf ist nicht mehr zu gebrauchen.

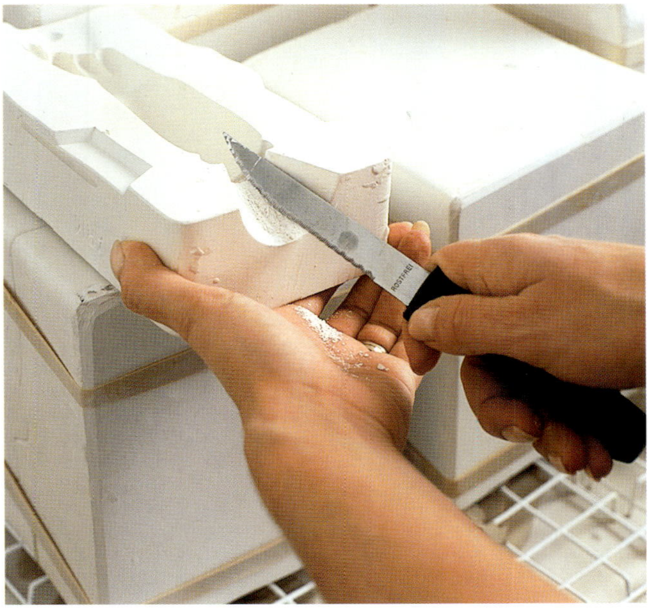

Mit einem scharfen Messer können Sie zu kleine Einfülltrichter vergrößern und sich so die Arbeit erleichtern.

Manche Formen haben sehr kleine Einfülltrichter, aber meist reicht der Platz, um das Eingußloch zu vergrößern. Kratzen Sie einfach mit einem Messer den Gips um den Einfülltrichter etwas ab, dadurch wird er größer. Vergessen Sie nicht, die so bearbeitete Form mit einem weichen Pinsel von den Gipsteilchen zu reinigen, bevor Sie damit arbeiten. Noch besser: Machen Sie einen sogenannten Reinigungsguß: Porzellangießmasse einfüllen, kurz ziehen lassen, ausgießen, Guß aus der Form nehmen und wegwerfen. Danach ist die Form von Gipsresten gesäubert.

Bei sehr kleinen Formen benutze ich entweder eine Bratensaftspritze oder große Einwegspritzen ohne Nadel zum Einfüllen der Masse. Außerdem muß die Masse bei kleinen Formen verdünnt werden, damit sie leichter durch die Öffnungen fließen kann.

Manche Formen sind so gebaut, daß die Masse beim Eingießen zuerst in die Gesichtsmitte trifft. Dies ist ein Nachteil, weil sich dann mitten im Gesicht unschöne Schlieren bilden können. Mit einer leichten Schrägstellung der Form kann das jedoch umgangen werden.

Ideal ist der Porzellanfluß, wenn er von der Formenmitte aus an den Seitenwänden gleichmäßig nach oben fließt. Dies ist bei angewinkelten Gliedmaßen, Armen und Beinen nicht möglich. Hier müssen Sie kleine Schlieren in Kauf nehmen, die sich an den Stellen bilden, wo das Porzellan beim Eingießen zuerst auftrifft. Beheben können Sie solche kleinen Unsauberkeiten durch ein wenig mehr Schleifarbeit.

Zugzeiten und Bestimmung der Wandstärken

Jede Gießform hat eine andere Zugzeit. Damit ist die Zeitspanne gemeint, in der die vollgefüllte Form stehen muß, um eine Wandung zu bilden. Der Gips entzieht dem Porzellan Feuchtigkeit, dadurch verfestigt sich an den Innenwänden das Porzellan und die Wandung entsteht. Für dicke, 4 bis 5 mm starke Teile muß die Masse sehr lange in der Form bleiben, für dünnwandige Teile kürzer. Wenn Sie zum ersten Mal gießen, wird dies Ihr größter Unsicherheitsfaktor sein, aber im Lauf der Zeit entwickelt man ein sehr gutes Gefühl für die einzelnen Formen.

Einige kleine Hilfestellungen kann ich Ihnen aber an die Hand geben.

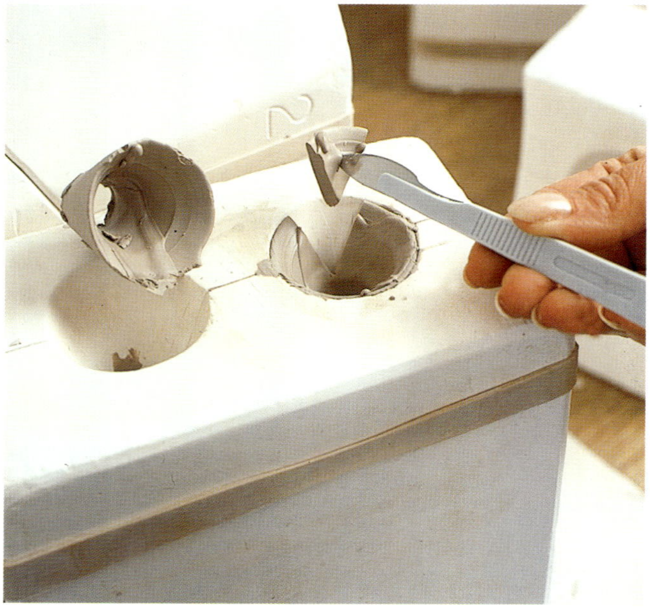

Prüfen Sie am Einfülltrichter die Wandstärke.

Gießen Sie die Form langsam und vorsichtig aus.

Wenn sich am äußeren Rand des Einfülltrichters ca. 1 mm Wandstärke abgesetzt hat, gießen Sie bis zu diesem Rand Porzellanmasse nach. Dies wiederholen Sie, bis sich eine Wandstärke von 3 mm gebildet hat. Um ganz sicher zu sein, daß die richtige Stärke erreicht ist, schneiden Sie mit dem Skalpell ein Stück Porzellan vom Einfülltrichter ab.

Besonders bei großen Puppenteilen, die eine Wandstärke von 4 bis 5 mm benötigen, sollten Sie die Zugzeiten der einzelnen Formen genau beobachten und direkt auf der Form notieren. Beim nächsten Gießen können Sie die genaue Zeit dann auf einer Eieruhr einstellen. Kleine Formen haben meist sehr kurze Zugzeiten, etwa eine bis drei Minuten.

Wenn Sie dieselbe Form zweimal am Tag ausgießen, verlängert sich die Zugzeit, da sich der Gips beim ersten Gießen mit Feuchtigkeit vollgesogen hat. Geben Sie in diesem Fall etwas Zeit zu. Wenn möglich sollten die Formen nicht zweimal am Tag benutzt werden. Wenn es trotzdem sein muß, lassen Sie die Formen danach unbedingt drei bis vier Tage ruhen, damit sie wieder vollständig trocknen.

Ausgießen der Formen

Die Porzellanmasse muß aus den Formen auch wieder ausgegossen werden, erst dadurch entstehen Hohlkörper. Auch bei diesem Vorgang sind einige Dinge zu berücksichtigen, denn beim Ausgießen kann vieles falsch gemacht werden. Am leichtesten lassen sich Formen ausgießen, die ein großes Eingußloch haben, denn durch die große Öffnung kann die Gießmasse abfließen und gleichzeitig Luft eindringen. Es ist wichtig, daß während des Ausgießens Luft in die Form gelangt, da sonst ein Vakuum entsteht und das Teil sich verzieht. Stellen Sie einen genügend großen Auffangbehälter (Eimer) bereit. Heben Sie die Form so hoch, daß Sie das Ausgußloch (Einfüllrichter) sehen und das Abfließen beobachten können.

Wenn Sie die Form langsam kippen, kann die Masse abfließen. Zwischen abfließender Masse und Einfülltrichter muß immer so viel Raum verbleiben, daß ungehindert Luft eindringen kann. Gießen Sie langsam und gleichmäßig ab.

Zu schnelles Ausgießen macht sich durch ein glucksendes Geräusch bemerkbar. Dies bedeutet, daß keine Luft eindringen kann und sich in der Form ein Vakuum bildet. Das führt letztendlich dazu, daß das fertige

Auch Formen mit zwei Eingießlöchern werden wie beschrieben ausgegossen.

Wenn sich während des Ausgießens ein Vakuum in der Form bildet, kommt es zu solchen Verformungen an den Porzellanteilen.

Porzellanteil Einbuchtungen aufweist, die kaum mehr behoben werden können.

Bei sehr kleinen und engen Einfülltrichtern ist es am sichersten, vor dem Ausgießen einen Strohhalm oder einen dünnen Schlauch in die Form einzuführen. Am besten eignet sich dafür ein Infusionsschlauch. Achten Sie beim Einschieben darauf, daß Sie das Porzellanteil nicht beschädigen und führen Sie den Schlauch oder Strohhalm so ein, daß er in der Formenmitte hängt. So können Sie während des Abgießens Luft in die Form pusten. Auch hier langsam und gleichmäßig arbeiten.

Wenn Sie während des Ausgießens Luft in die Form pusten, kann kein Vakuum entstehen.

Vor allem große und schwere Formen können Sie zum Abtropfen auf einen Eimer mit Rundhölzern stellen.

Große Formen sind wegen ihres Gewichts beim Ausgießen komplizierter zu handhaben. Stellen Sie einen Eimer mit einer großen Öffnung auf den Boden vor die Form. Wichtig ist, daß Sie auf einem niederen Tisch arbeiten. Stecken Sie auch hier einen dicken Strohhalm oder ein Stück von einen Schlauch so in die Form, daß Luft eindringen kann.

Befestigen Sie den Schlauch oder Strohhalm mit Gummibändern, so daß er nicht verrutschen kann, wenn die Form ausgegossen wird.

Nun kippen Sie die Form auf dem Tisch langsam nach vorn. Heben Sie die Form nicht an, damit die Masse langsam und gleichmäßig abfließen kann. Durch den Schlauch dringt Luft in die Form, ohne daß Sie pusten müssen. Nicht zu schnell gießen, sonst entsteht auch hier ein Vakuum.

Damit alles überflüssige Porzellan aus der Form laufen kann, stellen Sie die Formen mit dem Ausgußloch nach unten auf ein Gitter oder auf zwei parallel liegende Holzlatten.

Bei großen Formen legen Sie auf den Eimer, in den Sie das Porzellan gießen, ein Gitter oder zwei Holzlatten und stellen die Form zum Abtropfen darauf.

Lassen Sie die Formen mindestens eine Stunde so stehen.

Öffnen der Formen

Für das Entformen brauchen Sie ein wenig Gefühl. Bei diesem Arbeitsabschnitt spricht man oft von »Lederhaut« – gemeint ist hier das fest gewordene Porzellan, so wie es im nassen Zustand der Gipsform entnommen wird. »Lederhaut« deshalb, weil das Porzellan zwar eine gewisse Festigkeit hat, aber trotzdem noch verformbar ist, ähnlich wie dickes Möbelleder.

Eine Stunde Abtropfzeit ist das mindeste, ehe man eine Form öffnen kann. Nur bei sehr trockenen Formen und solchen, die für viele Wochen nicht benutzt wurden, läßt sich der Rohling auch vor dieser Zeit aus der Form nehmen. Die Rohlinge dürfen jedoch nie länger als einen Tag in der Form bleiben.

Es gibt einen sicheren Weg, um den richtigen Zeitpunkt für das Öffnen der Form festzustellen. Prüfen Sie die Festigkeit des Porzellans am Einfülltrichter. Ist die Masse, die sich dort abgelagert hat, noch weich und leicht verformbar, lassen Sie die Form noch eine Weile ungeöffnet stehen. Haben sich schon kleine Risse gebildet, wird es höchste Zeit, die Form zu öffnen.

Legen Sie nun die Form so vor sich, daß Sie die Beschriftung lesen können. Manche Hersteller geben auf

Die Form muß sich leicht abheben lassen – ein gewaltsames Öffnen zerstört den Guß.

Die Ohrenteile werden seitlich nach außen weggezogen.

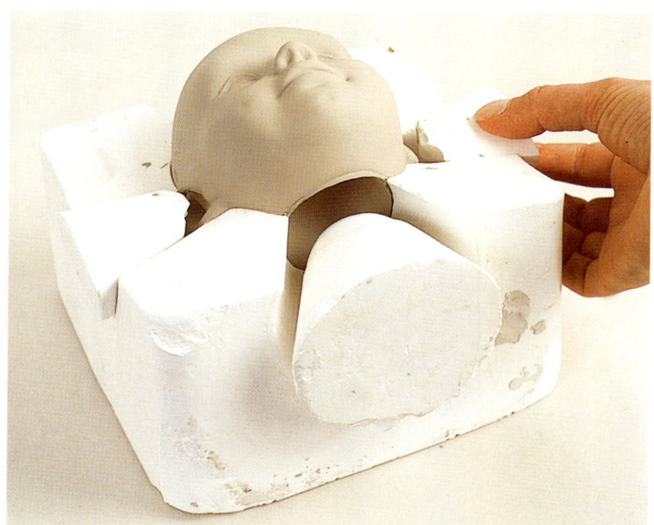

Zusätzliche Gipskeile müssen vor dem Herausnehmen des Porzellanteils entnommen werden.

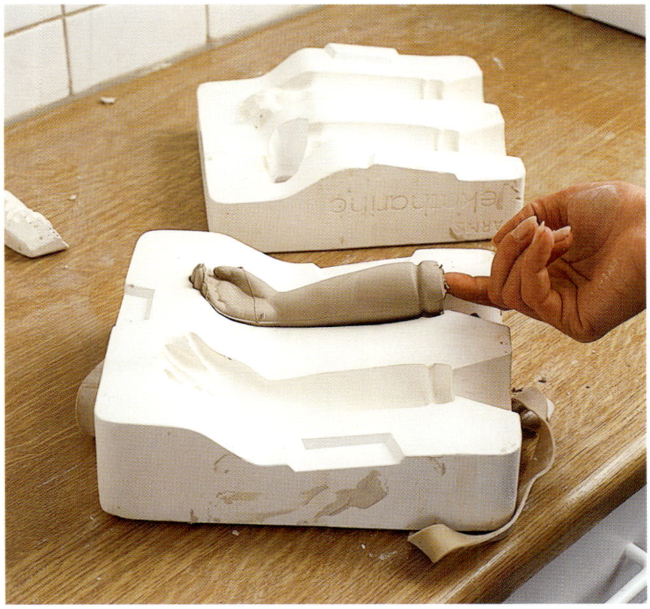

Prüfen Sie, ob sich das Porzellanteil leicht herausheben läßt.

ihren Formen an, in welche Richtung oder in welcher Reihenfolge die Form geöffnet werden muß. Lösen Sie das Porzellan am Einfülltrichter ab, greifen Sie dazu mit dem Zeigefinger in die Form und drücken Sie am unteren Rand leicht gegen das Porzellan. Jetzt lockert sich der Einfülltrichter. Diesen einfach herausnehmen, aber nicht wegwerfen, sondern für Probebrände trocknen und aufbewahren. Klopfen Sie einmal leicht mit der flachen Hand an die Seitenwände der Form und entfernen Sie dann die Gummibänder. Heben Sie die obere Formenhälfte vorsichtig an – bewegt sie sich, heben Sie sie

Heben Sie den lederharten Rohling vorsichtig aus der Form.

Wenn Sie das Porzellanteil unvorsichtig anheben, bricht es vor allem an den Gelenkstellen sehr leicht.

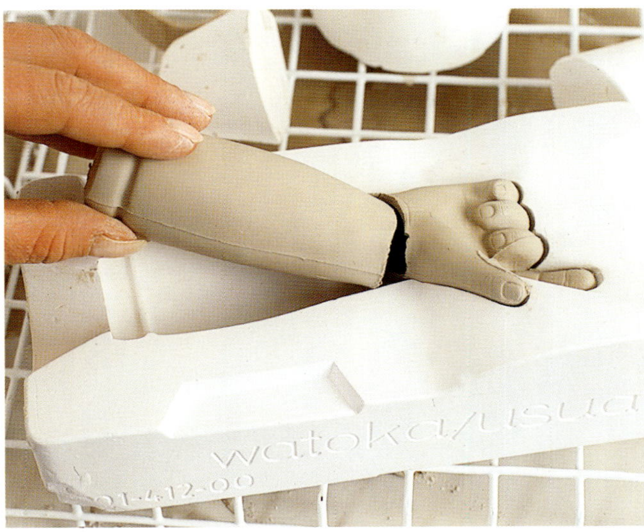

Stellen Sie die Teile, auf Schwämmen, Papier und anderen Hilfsmitteln, zum Trocknen ab.

gerade nach oben ab. Bewegt sich nichts, lassen Sie die Form noch eine Weile verschlossen liegen. Nicht mit Gewalt öffnen, da Sie dadurch den Guß zerstören könnten.

Köpfe werden zuerst auf der Gesichtsseite geöffnet. Bei Kopfformen mit Ohrenteilen drehen Sie die Form so vor sich, daß das Gesicht Sie anblickt. Entfernen Sie die Ohrenteile seitlich nach außen. Ziehen Sie die Teile auf keinen Fall nach oben weg, Sie würden dadurch das Ohr beschädigen.

Puppenköpfe, die die Kurbelhöhle in der Kopfinnenseite haben, weisen einen weiteren Formenteil auf. Ziehen Sie diesen Teil gerade nach außen weg. Läßt er sich nicht gleich lösen, lassen Sie die Form noch eine Weile offen liegen. Dadurch trocknet das Porzellan etwas an und schrumpft ein wenig, so daß sich komplizierter gebaute Teile leichter entformen lassen.

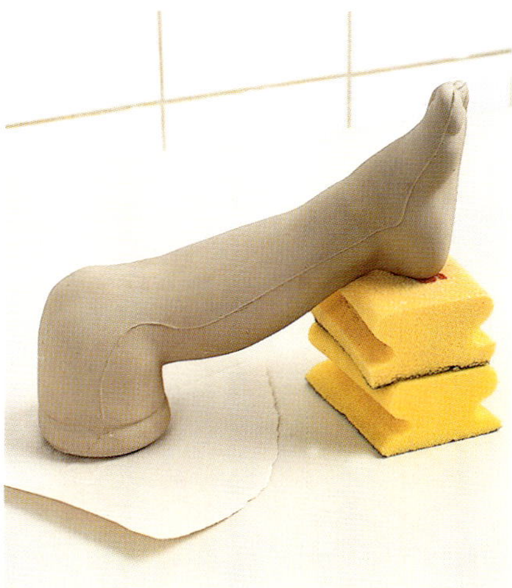

Trocknen Sie gebogene Arme und Beine in jedem Fall auf Schwämmen, sie könnten sich sonst verziehen.

Arme und Beine werden nach denselben Regeln entformt, manchmal ist ein zusätzlicher Gipskeil in der Form, dieser muß dann gleichzeitig mit dem jeweiligen Formenteil entnommen werden.

Wenn an den lederharten Rohlingen glänzende Stellen sichtbar sind, lassen Sie diese Teile unberührt liegen, denn dann sind sie noch so feucht, daß sich beim Anfassen Verformungen ergeben könnten. In diesem Fall lieber noch etwas Geduld aufbringen und erst dann ganz entformen, wenn eine gewisse Stabilität erreicht ist.

Stellen Sie die Rohlinge nach dem Entformen auf eine Unterlage aus Papier, das hält den Rohling während des Trocknens »beweglich«, weil das Papier den Trockenvorgang mitmacht. Den Rohling so aufstellen, daß er nicht kippen kann. Köpfe werden meist auf den Hinterkopf gestellt, Arme und Beine auf das Ausgußloch.

Bei gebogenen Gliedmaßen ist das Aufstellen etwas schwieriger, aber auch hier gibt es gute Lösungen. Stellen Sie die Arme und Beine auf das Ausgußloch und unterstützen Sie die Teile mit Schwämmen oder Hölzern. Legen Sie auf keinen Fall Arme und Beine flach auf die Ablage, sie könnten durch ihr Eigengewicht zusammensinken und sich verziehen.

Bearbeitung im lederharten Zustand

Nach dem Entformen können Sie viele Arbeiten durchführen, die später, im trockenen Zustand, schwieriger zu bewerkstelligen wären.

Nachdem Sie den entformten Kopf sicher in Ihrer Hand halten, versäubern Sie mit einem scharfen Skalpell den Eingußrand. Bei unvorsichtiger Handhabung und zu viel Druck kann es schnell zum Bruch kommen. Arbeiten Sie also immer mit Vorsicht und Gefühl, denn ein kaputtes Werkstück kann nicht weiterverwendet werden.

Ebenso verfahren Sie mit Armen und Beinen. Schneiden Sie mit dem Skalpell die Ränder an den Öffnungen gerade ab.

Schulterplatten können Sie im lederharten Zustand auch sehr gut vorbereiten: Am unteren Eingußrand alle überflüssigen Porzellanteile mit dem Skalpell sauber abschneiden und an den gekennzeichneten Stellen Löcher ausstechen. Das Loch für den Halskurbel nicht vergessen und ca. 1-pfenniggroß ausschneiden.

Auch kleine Risse und Unsauberkeiten lassen sich nun gut korrigieren. Tränken Sie einfach einen feinen Schwamm mit Wasser und streichen Sie damit über die betreffenden Stellen.

Vergrößern Sie das Loch am Hinterkopf mit dem Skalpell so weit, daß Sie nach dem Brennen ohne Probleme die Augen einsetzen können.

Wenn Sie Ihrer Puppe Augen malen möchten, müssen die Augenhöhlen geschlossen bleiben. Ansonsten stechen Sie mit dem Skalpell oder Lochstecher ein kleines Loch in die Augenmitte. Das Auge nicht ganz ausschneiden, denn auf so kleinem Raum ist ein Abrutschen mit dem Skalpell nur allzu leicht möglich und würde Ihre Arbeit zerstören. Auch können durch das Schneiden kleine Risse entstehen.

Im lederharten Zustand werden auch die Ohrlöcher für Ohrringe angebracht. Mit einer langen Nadel stechen Sie quer durch das Ohrläppchen, so daß die Nadel auf der Rückseite des Ohres wieder herauskommt.

Im lederharten Zustand lassen sich auch Luftlöcher und kleine, im Porzellan vorhandene Unreinheiten wunderbar korrigieren. Öffnen Sie das Luftloch mit einem Schaschlikstäbchen ganz und befeuchten Sie es mit etwas destilliertem Wasser. Zum Auffüllen benutzen Sie die Abtropfmasse, die sich beim Abstellen unter der Form gesammelt hat, denn diese ist fester als die Masse in der Gallone.

Vergrößern Sie das Loch am Hinterkopf mit dem Skalpell.

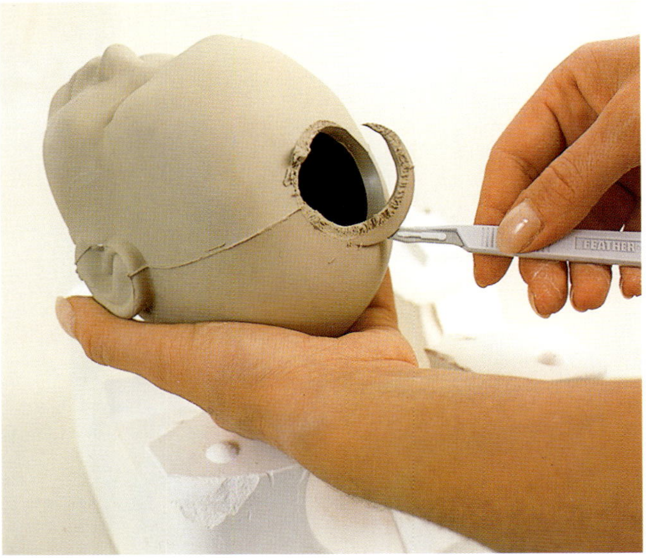

Öffnen Sie die Augenhöhlen mit einem Lochstecher oder Skalpell.

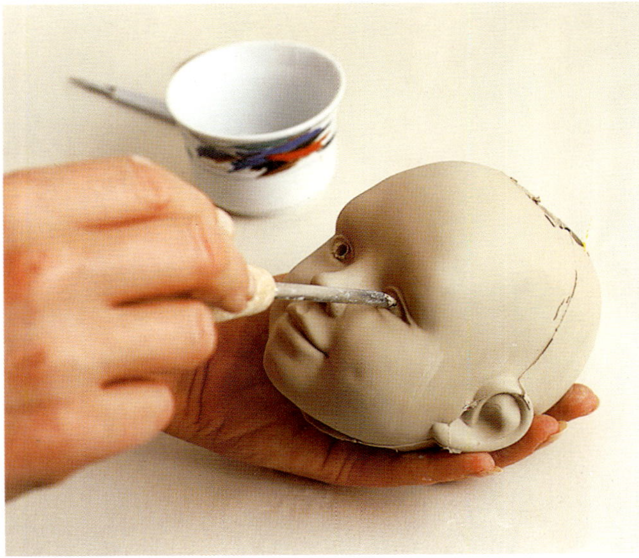

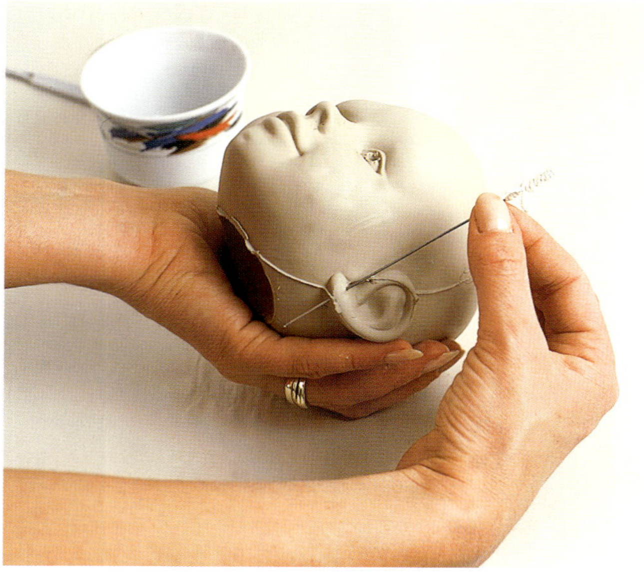

Bringen Sie mit einer langen Nadel Ohrlöcher an.

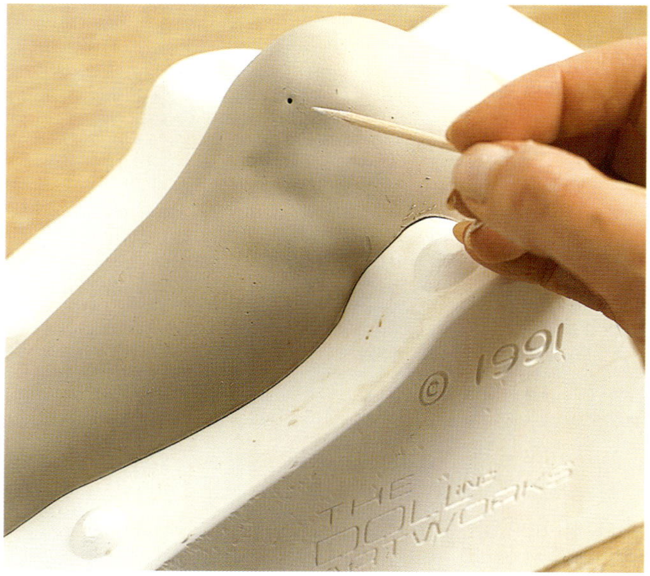

Öffnen Sie Luftlöcher mit einem Schaschlikstäbchen.

Drücken Sie die Masse mit dem Skalpellrücken in das feuchte offene Loch und lassen Sie etwas Masse überstehen. Diese kann später mühelos abgeschliffen werden. Sollten sich beim Entformen kleinere Risse an den Fingern gebildet haben, lassen sich diese auf gleiche Weise korrigieren. Kontrollieren Sie Ihren Rohling am besten von allen Seiten, denn noch können Sie vieles verbessern.

Achtung: Verwenden Sie zum Ausbessern immer die Farbe der Porzellanmasse, mit der Sie gegossen haben!

Füllen Sie das Loch mit Abtropfmasse.

Lassen Sie etwas Masse überstehen.

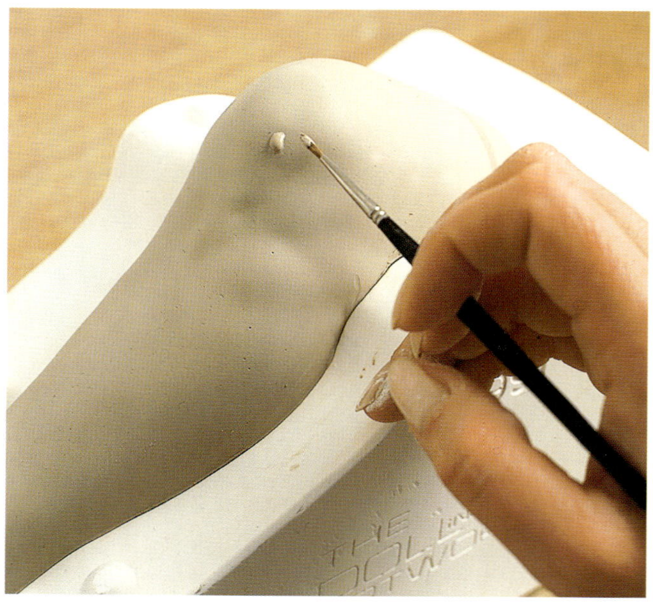

Trocknen

Der Raum, in dem Sie Ihre Rohlinge trocknen, muß gut durchlüftet sein. Die Zuluft sollte normale Raumtemperatur haben (20 bis 21°C) und nicht feucht sein. Stellen Sie die Rohlinge auf keinen Fall in den Heizungskeller! Das Trocknen geht dann zwar schneller, aber es bildet sich auch ein häßlicher gelblicher Rand auf dem Porzellan, der sich nur schwer entfernen läßt.

Die Rohlinge benötigen ca. eine Woche, um völlig durchzutrocknen. Im Sommer trocknen die Rohlinge besser als zur kalten Jahreszeit, denn die Heizungs -und sehr trockene Raumluft im Winter führen zu den ungeliebten Speckschichten auf dem Porzellan.

Stellen Sie die Rohlinge auf eine dünne Papierunterlage, das verhindert das Festkleben auf der Trockenunterlage. Das Papier läßt sich vom Porzellan leicht wieder entfernen.

Sollten sich beim Trocknen trotz aller Vorsichtsmaßnahmen gelbe Stellen oder eine Speckschicht gebildet haben, können Sie diese mit folgender Methode abschwächen: Mischen Sie ein Teil Isoalkohol und ein Teil Wasser und füllen Sie diese Mischung in einen Wasserzerstäuber mit einer feinen Düse. Besprühen Sie den Rohling von allen Seiten gleichmäßig, so daß die gesamte Oberfläche leicht feucht ist.

Auf keinen Fall mit Wasser tränken, denn sonst löst sich das Porzellan an der Oberfläche auf. Nun nicht mehr berühren. Lassen Sie den Rohling einen weiteren Tag trocknen, bevor Sie mit dem Verschleifen beginnen.

Lagern und Reinigen der Formen

Die Formen sollten Sie im Keller oder in anderen, gut durchlüfteten Räumen aufbewahren. Nicht in Plastikboxen verschließen, denn Gips ist ein »lebendiges« Material und braucht Luft.

Bei zu oft hintereinander verwendeten Formen entstehen auf der Außenseite Kristalle. Diese können Sie einfach abkehren. Lassen Sie die Form geschlossen gut durchtrocknen und lagern Sie die Formen ebenfalls geschlossen, mit dem Einfülltrichter nach unten. Wenn Sie den Einfülltrichter nach oben richten, geraten zu viele Schmutzpartikel in die Form.

Reinigen Sie die Formen außen und innen von alten Porzellanresten, ehe Sie sie wegstellen.

Ein wichtiger Hinweis zum Schluß: Lagern Sie niemals Ton oder Papiermachémassen in Ihrem Formenlager, denn auf Ton und ählichen Materialien bildet sich sehr leicht Schimmel. Wenn dieser in die Formen gerät, zerstört er den Gips, und darunter leidet der Abguß.

Die richtige Lagerung verhindert, daß Ihre Formen solche Schimmelflecken bekommen und dadurch unbrauchbar werden.

Schleifen

Das Verschleifen der Rohlinge ist zwar eine sehr staubige und zeitintensive Arbeit, aber für mich ist es auch sehr entspannend. Ich genieße es zu sehen, wie ein Teil mit geschickten Handgriffen perfektioniert werden kann. Nur beim Verschleifen können noch viele positive Veränderungen an den Porzellanteilen vorgenommen werden, da das Material noch weich ist und sich bearbeiten läßt.

Material und Werkzeug

- *Absaugtisch*
- *Sieb (Dustmagnet) oder flache Schale mit feuchtem Tuch zum Auffangen der Staubteile*
- *Verschiedene Skalpelle*
- *Zahntechnikerwerkzeug (Zahle und diverse Löffel)*
- *Verschleifwerkzeuge aus dem Handelsangebot*
- *Doppelnadel mit Griff, Hackennadel, Rundsäge*
- *Sehr feiner Tüll*
- *Nylonstrumpf*
- *Verschiedene Schleifpinsel (z.B. Katzenzungenpinsel)*
- *Große, weiche Pinsel zum Entstauben*
- *Glas mit Wasser*
- *Staubmaske*
- *Eventuell Lupe oder Lupenbrille für Feinarbeiten*
- *Augenschleifkugeln in verschiedenen Größen*
- *Gummiringe*
- *Plastikschüssel (10 l)*
- *Vinyl-Handschuhe*
- *Handtuch oder Frotteespannbetttuch als Unterlage*

Schleifarbeiten

Beim Verschleifen ist die Staubentwicklung die unangenehmste Begleiterscheinung. Sie können hier aber Abhilfe schaffen, wenn Sie sich einen Absaugtisch kaufen. Gute Tische sind nicht billig, aber Ihre Gesundheit sollte Ihnen diese Investition wert sein. Arbeiten Sie immer mit Staubmaske, wenn Sie keinen Absaugtisch besitzen. Der Porzellanstaub ist nicht gefährlich, aber Staub, egal in welcher Form, schadet Ihren Lungen.

Bereiten Sie alle Werkzeuge und die zu verschleifenden Teile vor. Arbeiten Sie auf einem bequemen Stuhl, da das Verschleifen längere Zeit in Anspruch nimmt.

Spannen Sie ein Frotteespannbetttuch über Ihre Ablage oder legen Sie ein Handtuch darüber, so liegen die Rohlinge weicher und können nicht so leicht brechen. Außerdem fängt das Frotteetuch herabfallenden Porzellanstaub auf.

Zunächst entfernen Sie mit dem Skalpell, sehr vorsichtig und nicht zu tief, alle überstehenden Nähte. Arbeiten Sie ganz sacht, denn das getrocknete Porzellan hat keine sehr hohe Stabilität. Es bricht so leicht wie ein Schokoladenosterhase.

Für die Schleifarbeit benötigen Sie eine relativ breite Werkzeugpalette, die im Fachhandel erhältlich ist.

Die Nähte werden zunächst mit dem Skalpell entfernt.

Dann glätten Sie die Oberfläche und die Fingerzwischenräume mit einem Nylonstrumpf.

Mit dem Nylonstrumpf glätten Sie dann die Oberfläche an der Nahtstelle so, daß keine Unebenheiten mehr sichtbar sind. Sparen Sie bei dieser Arbeit die Hände und Füße sowie den Gesichtsbereich aus.

Ausarbeiten der Finger und Füße

Trennen Sie mit dem Skalpell die Finger, sofern es die Handstellung der Puppe zuläßt. Bei einer sehr engen Fingerstellung genügt auch das Vertiefen der Trennlinie. Arbeiten Sie von der Fingerspitze nach hinten, nicht umgekehrt.

Schneiden Sie immer kleine Stücke ab und versuchen Sie nie, die Zwischenräume auf einmal herauszuarbeiten. Benutzen Sie ein scharfes und spitzes Skalpell. Halten Sie die Hand so, daß Sie mit Ihren Fingern ein wenig Gegendruck ausüben können. Die Gefahr, daß ein Finger abbricht, ist sonst sehr groß.

Wenn die Finger getrennt sind, arbeiten Sie die Nägel aus: Mit der Zahle vertiefen Sie das Nagelbett. Arbeiten Sie den Nagel rund und achten Sie darauf, daß er nicht zu flach wird, denn Sie können nichts mehr hinzufügen.

An der Nagelkuppe ziehen Sie ebenfalls mit der Zahle unter dem Nagel eine Vertiefung ein.

Um alle harten Kanten zu entfernen, glätten Sie nun mit einem weichen Pinsel alles, was bearbeitet wurde. Sanft arbeiten, damit die Details nicht wieder entfernt werden. Versäubern Sie nun mit dem Nylonstrumpf die Fingerzwischenräume. Sollten Sie verschiedene Bereiche nicht mit dem Strumpf erreichen, arbeiten Sie mit einem weichen Pinsel.

Zum Schluß ziehe ich mit der Doppelnadel die Gelenklinien nach und auch die Linien auf der Handinnenfläche. Wieder mit dem Pinsel versäubern. An der Handaußenfläche ritzen Sie die über den Gelenken liegenden Dehnungsfalten nach, nicht zu tief, und verschleifen und glätten sie mit dem Pinsel.

Bei den Füßen beginnen Sie an der Fußsohle, vertiefen die Zwischenräume der Zehen mit der Zahle und glätten sie mit dem Pinsel.

Bei Baby- und Kleinkinder-Puppen ziehen Sie die Hautfalten auf der Fußsohle nach.

Manche Fußhaltungen ermöglichen ein Trennen der einzelnen Zehen – arbeiten Sie hier mit einem sehr

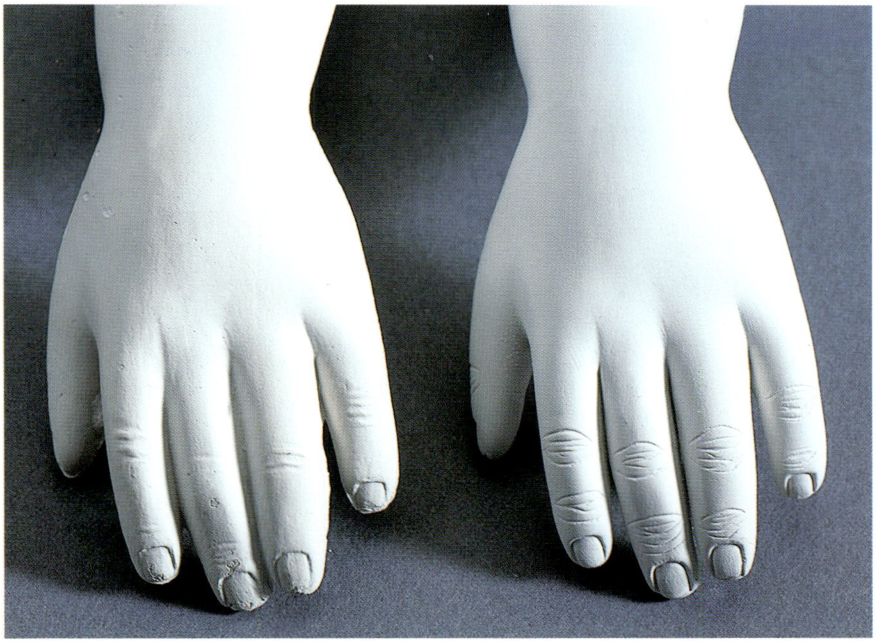

Vertiefen Sie die Fingertrennlinien mit dem Skalpell.

Links: Hand mit unversäuberten Nähten und ungeöffneten Fingerzwischenräumen.

Rechts: Versäuberte Hand mit ausgearbeiteten Fingern und Nägeln. Die Dehnungsfalten sind nachgeritzt.

Die Falten in den Handinnenflächen werden mit der Doppelnadel nachgezogen.

Links: Unversäuberte Handinnenfläche.

Rechts: Versäuberte Hand mit Fingerzwischenräumen und mit der Doppelnadel gezogenen Handlinien.

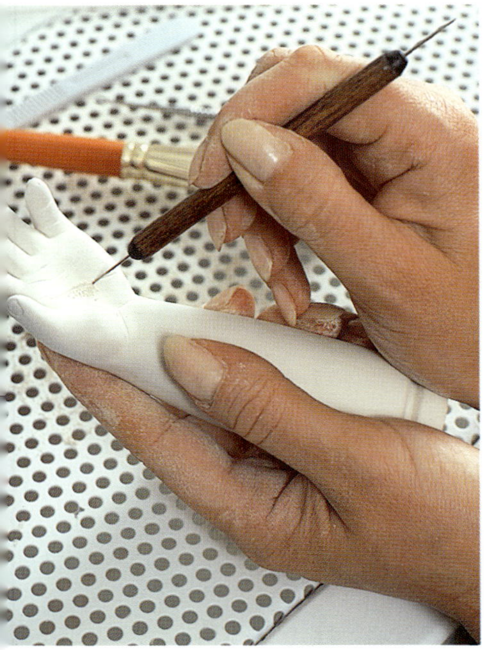

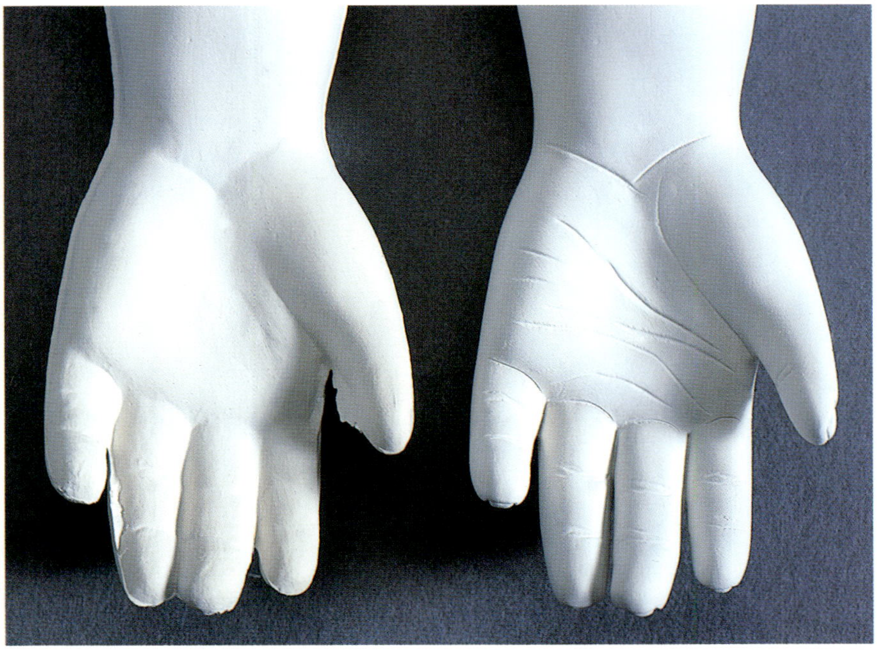

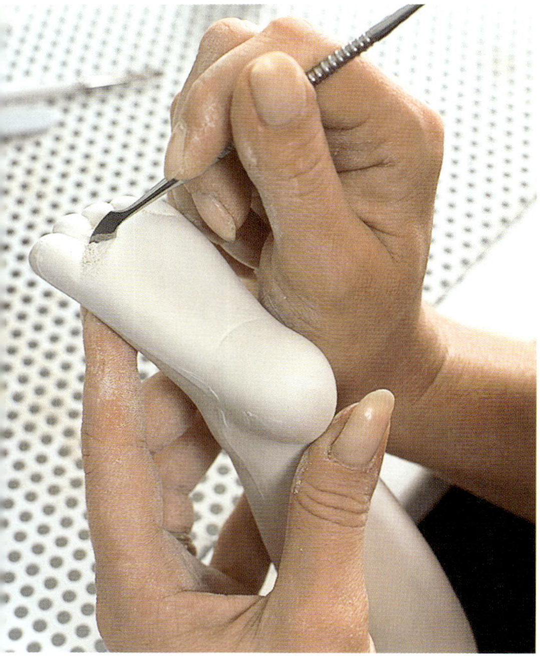

Die Zwischenräume der Zehen werden mit der Zahle vertieft.

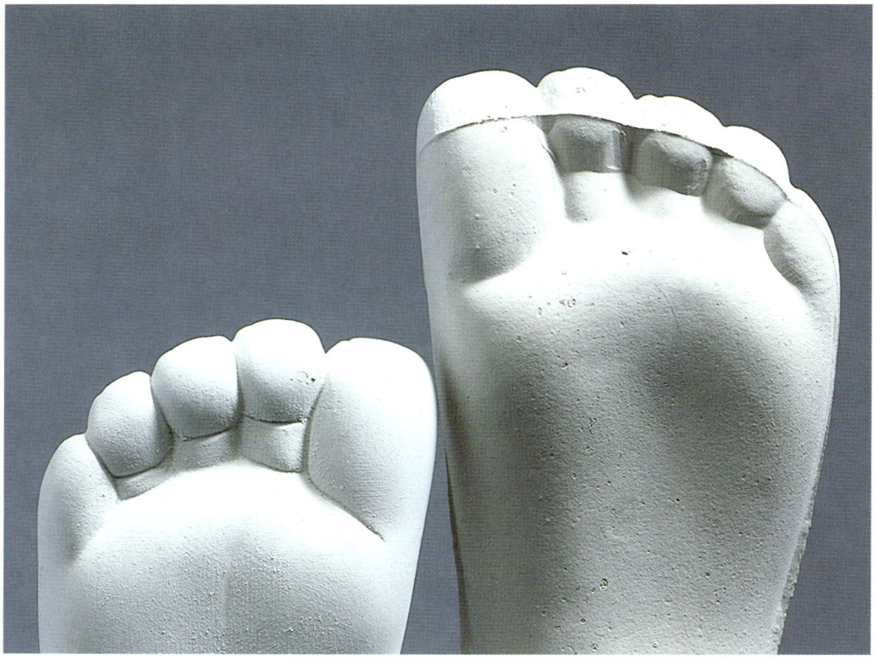

Links: Versäuberter Fuß.

Rechts: Fuß mit unversäuberter Gießnaht und unvertieften Zehenzwischenräumen.

Arbeiten Sie die Finger- und Fußnägel mit der Zahle nach.

Links: Versäuberter Fuß mit nachgezogenen Nägeln. Die Dehnungsfalten auf den Zehen sind mit der Doppelnadel gezogen und mit dem Pinsel geglättet.

Rechts: Grob vorgeschliffener Fuß.

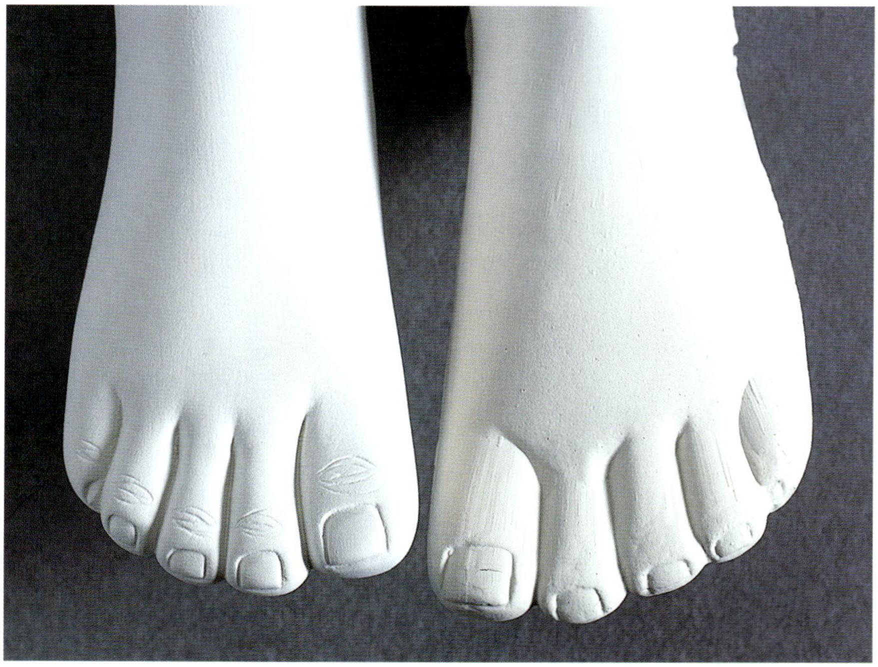

Vertiefen Sie die Einbinderille mit dem Löffelwerkzeug.

Glätten Sie die Ränder aller Porzellanteile mit feinem Tüll oder einem Nylonstrumpf.

scharfen Skalpell, langsam und vorsichtig.

Arbeiten Sie – wie bei den Fingern – jeden Nagel nach und versäubern Sie die Nägel zum Schluß. Ziehen Sie die Dehnungsfalten mit der Doppelnadel ein, aber nicht zu viele und auch nicht zu tief. Mit dem Pinsel glätten.

An vielen Fuß- und Armteilen sind die Einbinderillen, die später zum Befestigen des Stoffkörpers gebraucht werden, nicht sehr tief. Bei sehr flachen Einbinderillen muß der Stoffkörper eingeklebt werden, damit er hält.

Bei tiefen Einbinderillen kann auch nur mit Draht gearbeitet werden (ohne Kleber). Ich vertiefe die Einbinderillen manchmal mit dem Löffelwerkzeug an der vorgegebenen Linie, vorsichtig und ohne Druck. Mit dem Pinsel glätten.

Glätten Sie zum Schluß alle oberen Eingußränder mit dem Strumpf oder mit feinem Tüll.

Achtung! Stellen Sie die verschliffenen Teile immer sehr sorgfältig und vorsichtig auf einer weichen Unterlage ab, um Bruch zu vermeiden.

Konturen im Gesicht

Mit ein paar kleinen Tricks kann man im Gesicht positive Veränderungen vornehmen.

Oft sind die Nasenlöcher nicht tief genug, dann arbeite ich mit der Zahle die Nasenflügel und die Nasenlöcher nach. Einige Puppenmacherinnen durchstechen die Nasenlöcher ganz, mit dem Argument, daß das in natura ja auch richtige Löcher wären. Dann aber müßte man die Ohren auch durchstechen. Ich vertiefe die Nasenlöcher lieber und male Sie später dunkel an. Kratzen Sie mit der Zahle die Nasenlöcher tiefer und geben Sie ihnen eine ovale Form. Mit dem Pinsel säubern und die Unebenheiten glätten.

Arbeiten Sie mit der Zahle die Nasenlöcher nach.

Versäubern Sie die Nasenlöcher mit dem Pinsel.

Vertiefen Sie die Nasenflügel mit einem festeren Pinsel und glätten Sie sie mit einem weichen Pinsel. Beachten Sie bei der Ausarbeitung Ihrer Puppe, daß die Nasenflügel im Babyalter noch nicht sehr ausgeprägt sind und erst mit zunehmendem Alter charakteristischer werden.

Bei geschlossenem Mund ziehen Sie die Mittellinie mit dem Skalpellrücken tiefer und glätten sie. Mit der Doppelnadel ziehen Sie die Lippenfalten ein, aber nicht alle gleich lang und nicht zu tief. Mit dem Pinsel die Kanten weich machen.

Mit der Zahle vertiefen Sie die Mundwinkel. Tragen Sie an beiden Mundwinkeln an der Unterlippe ein kleines Rund ab und verschleifen Sie es mit dem Pinsel. Ist der Mund geöffnet und hat er leicht vormodellierte Zähne, dann öffnen Sie ihn mit dem Skalpell ganz vorsichtig. Dazu kratzen Sie Linie für Linie den Raum zwischen Zähnen und Unterlippe frei, bis Sie sich durchgearbeitet haben. Vergrößern Sie den Zwischenraum wie vorgegeben. Die Zahnzwischenräume vertiefen Sie mit der Hackennadel.

Zähne sind an der Unterkante leicht abgerundet und nicht gerade. Mit einem weichen Pinsel verschleifen Sie die Zahnkanten und runden Sie damit gleichzeitig ab. Versäubern Sie auch die Unterlippe an der tiefergelegenen Innenseite.

Öffnen Sie die Augen mit einem scharfen Skalpell. Beginnen Sie in der Mitte, am bereits vorgestochenen Loch. Tragen Sie eine dünne Schicht am Rand des Loches zum Augenwinkel hin ab.

Öffnen Sie die Augen bis zum vorgegebenen Rand. Nun können Sie bestimmen, ob die Puppe ein wenig größere Augen bekommen kann, oder ob Sie bei der Vorgabe bleiben möchten. Sollten Sie die Augen vergrößern, tragen Sie etwas vom Ober- und Unterlid ab. Mit der Zahle vergrößern Sie nun den Tränenkanal und versäubern alles mit dem Pinsel.

Damit die Glasaugen später gut in der Augenhöhle liegen, müssen Sie die Höhlen von innen vertiefen. Überziehen Sie die Holzaugenkugeln dazu mit feinem Tüll. Befestigen Sie den Tüll mit Gummiringen. Tauchen Sie die Kugel in ein Wasserglas. Führen Sie die Augenkugel durch die Kopföffnung und drehen Sie die Kugel in der Augenöffnung rund um die eigene Achse. Der Schleifschlamm, der dadurch ent-

Links: Grob mit der Zahle ausgearbeitete Nasenflügel.

Rechts: Mit dem Pinsel versäuberte Nase.

Ziehen Sie die Lippenfalten mit der Doppelnadel ein und vertiefen Sie die Mundwinkel mit der Zahle. Vergrößern Sie an den Augen den Tränenkanal und versäubern Sie ihn mit dem Pinsel.

Öffnen Sie die Augen vorsichtig mit dem Skalpell.

Versäubern Sie die geöffneten Augen mit dem Pinsel.

Vertiefen Sie die Augenhöhlen mit der Augenkugel.

steht, wird nach dem Trocknen mit dem Skalpell entfernt und die Augenlider werden mit dem Pinsel versäubert. Tragen Sie nicht zu viel Porzellanmasse mit den Augenkugeln ab, sonst wird das Augenlid zu dünn. Die Augen liegen dann zu weit vorn und verursachen einen stechenden Blick.

Achtung! Ist bei einer Puppe eine Augengröße von 18 mm angegeben, verwenden Sie eine Augenkugel, die eine Nummer größer ist, also 20 mm.

Wählen Sie die Augenkugel immer eine Nummer Größer als Ihnen vorgegeben wird, das Porzellan schrumpft beim Brennen!

Soll Ihre Puppe Ohrringe bekommen, ist jetzt der richtige Zeitpunkt, die bereits in die Lederhaut gestochenen Ohrlöcher zu vergrößen.

Als Hilfsmittel dafür wird im Handel eine kleine runde Säge angeboten. Feilen Sie sehr vorsichtig das Ohrloch so groß, daß später ein dünner Draht durchgezogen werden kann. Glätten Sie die Kanten mit einem Pinsel oder Nylonstrumpf. Und vergessen Sie nicht: Porzellan schrumpft beim Brennen bis zu 18 Prozent, deshalb das Loch genügend groß schleifen.

Vergessen Sie schließlich nicht, das Loch im Halskurbel mit dem Skalpell etwa in der Größe eines 1-Pfennig-Stückes auszuschneiden, sonst kann der Kopf nicht auf der Schulterplatte befestigt werden. Gleiches gilt für das Loch in der Schulterplatte.

Grobschliff der Oberfläche

Ist Ihr Porzellanrohling gut getrocknet, haben Sie wenig Arbeit damit, die Oberfläche zu verschleifen. Reiben Sie einfach mit den Fingerspitzen sanft über die gesamte Oberfläche.Damit tragen Sie die oberste Schicht ab und glätten gleichzeitig die Oberfläche. Mit den Fingern wird es immer noch am schönsten.

Wenn Sie eine gelbe Speckschicht auf der Porzellanoberfläche haben, müssen Sie mit groberen Materia-

Öffnen Sie das Loch im Halskurbel.

Öffnen Sie auch in der Schulterplatte das Loch für den Halskurbel.

lien arbeiten. Versuchen Sie zuerst den Nylonstrumpf: Wenn sich die Oberfläche damit nicht abtragen läßt, verwenden Sie den feinen Tüll. Aber Vorsicht: Nicht zu kräftig drücken, sonst bilden sich tiefe Kratzer, die nur mühsam entfernt werden können.

Haben Sie die Oberfläche in einem ersten Arbeitsgang mit Tüll gereinigt, verschleifen Sie weiter mit dem Nylonstrumpf bis alle kleinen Kratzer verschwunden sind. Zum Schluß nochmals mit den Fingern schleifen.

Schrühbrand

Nun kommt Ihr Ofen zum ersten Mal zum Einsatz.

Der Schrühbrand ist ein Vorbrand, der das Verschleifen im nassen Zustand zuläßt. Bei 710°C wird das Porzellan stark verfestigt, so daß es Feuchtigkeit aufnehmen kann, ohne zu zerfallen. Das geschrühte Teil wird etwa 15 Minuten in Wasser gelegt, damit es sich vollsaugt. Das feuchte Teil kann dann ohne Staubentwicklung verschliffen werden.

Dieses Verfahren ist für die Oberflächen von großen Teilen, Schulterplatten und Büsten geeignet. Detailarbeiten sind fast unmöglich, da der Schrühling sehr hart ist und bei der Bearbeitung mit Pinsel und Skalpell an den Kanten sehr leicht brechen kann. Bei einer sauberen Bearbeitung erzielen Sie eine brillante Porzellanoberfläche, auf der die Farbe später phantastisch haftet.

Ofenbestückung und Brenntemperatur

Für den Schrühbrand sind noch keine großen Vorsichtsmaßnahmen nötig. Hier kann nicht viel falsch gemacht werden.

Wählen Sie bei einem Automatikofen eine Temperatur von 710°C, bei einem Segerkegelofen Kegel Nr. 18. Die einzelnen Temperaturen und Kegel sind im Kapitel »Brennen« genau beschrieben.

Stellen Sie alle Rohlinge – wenn möglich – auf das Ausgußloch. Achten Sie dabei darauf, daß die Teile sicher stehen und nicht umfallen können.

Wenn nötig, lehnen Sie die Rohlinge an der Ofeninnenwand an oder stützen sie mit Stapelstützen ab.

Köpfe legen Sie auf das Ausgußloch am Hinterkopf, Schulterplatten stellen Sie einfach auf ihren unteren Rand. Arbeiten Sie ruhig und vorsichtig, denn der Rohling ist sehr empfindlich.

Naßschliff nach dem Schrühbrand

Legen Sie die abgekühlten Schrühlinge für ca. 30 Minuten in eine Schüssel mit handwarmem Wasser.

Für diese Arbeit eignet sich auch eine Babybadewanne aus Plastik sehr gut, da die Schrühlinge nicht

Für den Schrühbrand im Ofen gelagerte Teile.

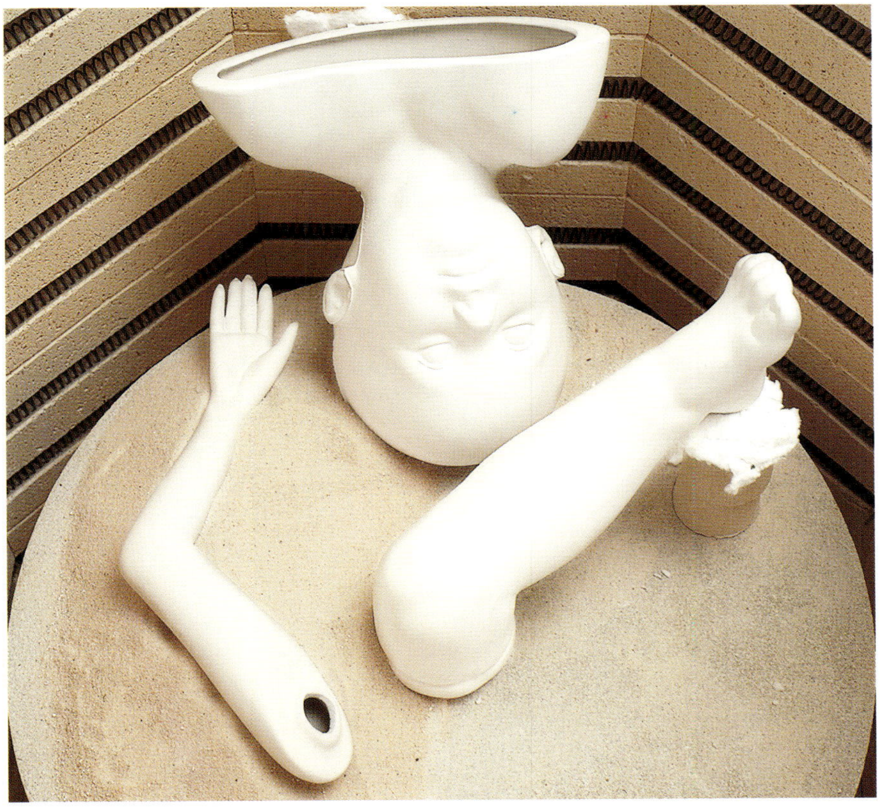

Legen Sie die abgekühlten Schrühlinge in handwarmes Wasser.

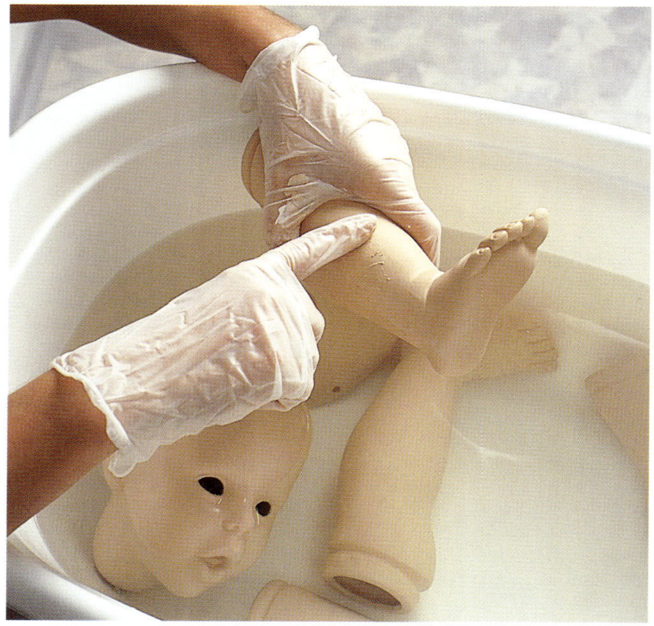

Mit dem Handschuh erzielen Sie einen dünnen Abrieb auf der Oberfläche des Schrühlings.

aufeinander gelegt werden dürfen, sondern nebeneinander liegen müssen. Damit ist die Bruchgefahr wesentlich geringer.

Breiten Sie ein Handtuch auf Ihrer Arbeitsfläche aus. Dieses Handtuch saugt die beim Verschleifen entstehenden Porzellantropfen auf. Auch stehen die Schrühlinge auf einem Handtuch besser als auf der nackten Tischplatte.

Ziehen Sie Ihre Vinylhandschuhe an, nehmen Sie einen Schrühling aus dem Wasser und gleiten Sie mit den Fingerspitzen sanft über die Oberfläche. Durch die leicht rauhe Struktur der Handschuhe erfolgt ein sehr dünner und feiner Abrieb auf der Oberfläche des Schrühlings, eine schmierige Paste bildet sich. Verschleifen Sie so alle Teile, die gebrannt werden sollen, bis die Oberfläche gleichmäßig glatt ist.

Reinigung der Schrühlinge

Das Reinigen der verschliffenen Schrühlinge ist sehr wichtig und muß deshalb auch sehr sorgfältig gemacht werden. Alle Staub- und Schleifspuren, die nicht entfernt werden, brennen beim Scharfbrand unreparierbar fest.

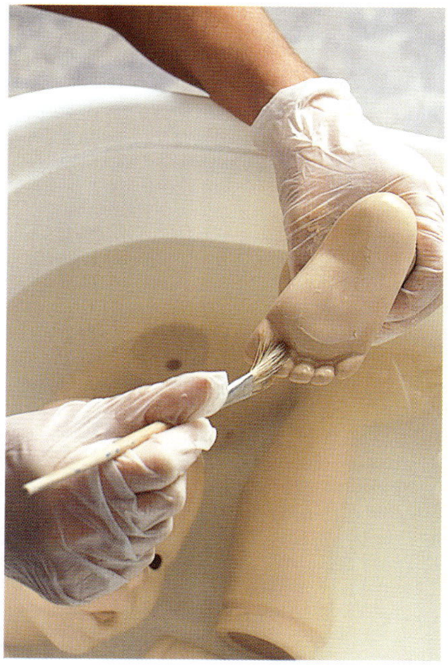

Füllen Sie eine Schüssel mit lauwarmem Wasser. Tauchen Sie den Schrühling ein und reinigen Sie mit einem weichen Pinsel die Oberfläche. In und hinter den Ohren sammelt sich leicht Schleifpaste, die Sie mit dem Pinsel und viel Wasser entfernen.

An Händen und Beinen die Zwischenräume der Finger und Zehen reinigen. An den Schulterplatten die verstopften Löcher wieder öffnen. Am Schluß spülen Sie alle Teile unter fließendem Wasser ab, am besten mit einer Brausevorrichtung an Ihrem Wasserhahn.

Reinigen Sie die verschliffenen Teile sorgfältig mit Pinsel und Wasser.

Brennen

Der Scharfbrand ist der heikelste, aber auch der interessanteste Arbeitsabschnitt beim Erstellen von Porzellanpuppen.

Porzellan schrumpft beim Brennen bis zu 18 Prozent, es bewegt sich also im Ofen.

Mit gezielten Vorrichtungen und indem Sie das Brennen genau beobachten, ist es aber möglich, viele Fehlerquellen auszuschalten. Eine gute Vorbereitung und ein Austesten des Ofen ist hier unerläßlich.

Porzellanbrennöfen

Im Handel werden verschiedene Öfen angeboten: Keramiköfen, spezielle Porzellanbrennöfen, Öfen für Glasschmelzarbeiten usw. Beim Brennen von Porzellan ist es wichtig, daß Ihr Ofen eine Temperatur von 1250°C erreicht. Alle Öfen, die mit ihrer Brenntemperatur darunter liegen, sind für Porzellan nicht geeignet.

Es gibt Toplader, also Öfen, deren Deckel sich nach oben öffnet und die auch von oben bestückt werden. Und es gibt Frontlader, die wie ein Schrank geöffnet und von vorne bestückt werden.

Die Ofengrößen beginnen bei einer Füllmenge von 20 Litern und reichen bis 500 Liter und mehr. Für den Hobbybereich ist ein Ofen mit 45 Litern optimal.

Achten Sie bei der Anschaffung darauf, daß Sie den Ofen an einer normalen, mit 16 Ampere abgesicherten Steckdose anschließen können.

Segerkegelofen

Der Segerkegelofen ist ein mechanischer Ofen mit einem manuell zu bedienenden Regelwerk. Die Temperaturen bei einem Segerkegelofen werden durch Brenn- oder Laborkegel geregelt. Diese Laborkegel gibt es für jeden Gradbereich.

Im Ofeninneren ist eine Vorrichtung zum Einlegen der Laborkegel angebracht.

Unter den Porzellanbrennöfen werden die Segerkegelöfen am häufigsten angeboten. Sie sind wesentlich

Segerkegelofen mit Brennkegelvorrichtung.

Abgebrannter Kegel.

preiswerter als Automatiköfen. Der einzige Unsicherheitsfaktor bei diesem Ofen ist die manuelle Regelung der Temperatur. Wird der Segerkegel nicht optimal plaziert, kommt es leicht zu Fehlbränden.

Automatikofen

Automatiköfen haben eine computergesteuerte Temperaturregelung. Dies erleichtert den Brennvorgang erheblich. Bei den am Markt angebotenen Automatiköfen wird die Steuerungsanlage meist mitgeliefert und die Bedienungsanleitung ist auch für einen Computerlaien verständlich.

Meist lassen sich mehrere Programme fest installieren, so daß die Programme und gespeicherten Daten später mit einem Knopfdruck abgerufen werden können.

Durch diese genauen Zeitvorgaben werden meist optimale Brände erreicht.

Leider sind gute Automatiköfen in der Anschaffung sehr teuer. Sollten Sie sich jedoch einen zulegen, genügt für den Hobbybereich auch hier ein 45 Liter-Ofen. Dieser wird an die normale Steckdose angeschlossen.

Zusätzliche Hilfsmittel

Neben einem zuverlässigen Ofen benötigen Sie zum Brennen auch noch einige andere Hilfsmittel, die vor allem zur sicheren Lagerung der Porzellanteile im Ofen unerläßlich sind:

- *Brennwatte*
- *Ofensand*
- *Stapelstützen und Ofenplatten*

Brenntemperaturen im Automatikofen

Nicht alle eingefärbten Porzellane werden mit der gleichen Temperatur gebrannt.

Auch gibt es, je nach Hersteller, kleine Unterschiede bei der Brenntemperatur. Ich kann Ihnen hier ein paar Anhaltspunkte geben, die genauen Brenntemperaturen müssen Sie jedoch selbst mit Ihrem Ofen austesten.

Grundsätzlich gilt:
Je heller das Porzellan ist, desto höher muß die Temperatur sein, bei der es gebrannt wird. Dunkler gefärbtes Porzellan muß also bei niedrigeren Temperaturen gebrannt werden.

Einige Porzellane zeigen das beste Ergebnis, wenn sie in sehr kurzer Zeit sehr hoch gefeuert werden. Andere wollen langsam und gemächlich durchgebrannt werden.

All das müssen Sie austesten, bevor Sie Ihre verschliffenen Porzellanteile in den Ofen stellen.

Bei den Segerkegelöfen halten Sie sich an die von der Herstellerfirma angegebenen Segerkegelnummern, die auf den Banderolen der Gallonen vermerkt sind.
Aber Vorsicht: Sie können die Temperaturen der Segerkegel nicht auf die Brenntemperaturen Ihres Automatikofens übertragen! Wenn also beispielsweise angegeben ist »Kegel Nr. 6«, dann entspricht dies einer Temperatur von 1240°C im Segerkegelofen. Im Automatikofen wäre diese Temperatur für das gleiche Porzellanbrenngut zu hoch.

Hier nun die Brenndaten, mit denen ich die besten Erfahrungen im Automatikofen gemacht habe:

Scharfbrand

Porzellan	*Endtemperatur*
Weißes Porzellan	1200°C
Hautton	1190 bis1193°C
Milchkaffe	1187 bis 1190°C
Mulattenton	1185 bis 1187°C
Schwarz	1183 bis 1185°C

Die Brenndauer beträgt im Durchschnitt sechs bis sieben Stunden. Die Abkühlphase ist doppelt so lang. Die meisten Öfen haben zwei Brennstufen: Erste Brennstufe – 180 Minuten auf 500°C, zweite Brennstufe – Restzeit auf Endtemperatur (Beispiel: Endtemperatur ist 1190°C, dann wird 200 Minuten von 500 auf 1190°C gebrannt). Die Haltezeit der Temperatur von 1190°C beträgt zwei Minuten. Unter Haltezeit versteht man, daß die erreichte Brenntemperatur für einen bestimmten Zeitraum gehalten werden muß.

Brenntemperaturen im Segerkegelofen

Die folgende Übersicht informiert Sie über die Temperaturen, die sich hinter den Nummern auf den Brennkegeln verbergen. Beim Einlegen in die Vorrichtung am Ofen müssen Sie darauf achten, daß die beiden Haltestifte gereinigt und sauber sind, da der Kegel sonst festkleben könnte.

Kegelnummer	*Temperatur*
022	595°C
021	640°C
020	660°C
019	685°C
018	705°C
017	730°C
016	755°C
015 a	780°C
014 a	805°C
013 a	835°C
012 a	860°C
011 a	900°C
010 a	920°C
09 a	935°C
08 a	955°C
07 a	970°C
06 a	990°C
05 a	1000°C
04 a	1025°C
03 a	1055°C
02 a	1085°C
01 a	1105°C
1 a	1125°C
2 a	1150°C
3 a	1170°C
4 a	1195°C
5 a	1215°C
6 a	1240°C
7	1260°C
8	1280°C
9	1300°C

Schulterplatten werden mit Brennwatte ausgestopft, damit sie sich nicht verziehen.

Ofenbestückung

Stellen Sie alle Porzellanteile neben Ihren Ofen. Überprüfen Sie nochmals, ob die Augen mit der Augenkugel von hinten geschliffen sind, ob die Schulterplatten alle nötigen Löcher haben und der Schleifstaub überall entfernt wurde.

Die Porzellanteile können naß oder trocken in den Ofen gestellt werden. Wenn Sie nasse Teile brennen, muß der Ofen bis zur Temperatur von 400°C einen Spalt geöffnet bleiben, damit das Kondenswasser entweichen kann. Dazu legen Sie zwischen Deckel und Ofenrand eine Stapelstütze. Bei trockenen Teilen kann der Automatikofen sofort geschlossen werden.

Der Segerkegelofen hat ein Entlüftungsloch an der Seite und im Deckel. Beim Scharfbrand das seitliche Loch mit den dafür vorgesehenen Schamottkegeln schließen. Wenn die erste Brennphase beim Segerkegelofen erreicht ist, auch das obere Loch schließen.

Zu den Öfen werden meist Ofenplatten (zum Brennen auf mehreren Ebenen) und Stapelstützen mitgeliefert. Darüber hinaus benötigen Sie Brennwatte zum Ausfüllen der Rohlinge und sehr feinen Quarz- oder Ofensand. Watte und Sand müssen beim Scharfbrand vorgebrannt werden.

Streuen Sie auf den Ofenboden etwas Ofensand und stellen Sie drei Stapelstützen auf den Boden.

Auf diese Stützen legen Sie eine Ofenplatte, die ebenfalls mit Ofensand bestreut wird. Durch die erhöhte Ofenplatte ist die Luftzirkulation während des Brennvorgangs besser, als wenn die Teile direkt auf dem Ofenboden liegen.

Bestückter Brennofen. Die höchsten Teile stehen in der Mitte. Köpfe, Arme und Beine stehen auf dem Ausgußloch.

Beim Einräumen des Ofens ist es wichtig, daß Sie mit Ihrem Brenngut einen Konus formen: Die niedrigsten Teile stehen außen, die höchsten Teile in der Mitte. Dieser Aufbau erleichtert den thermischen Winden, die sich während des Brennvorgangs entwickeln, den Weg.

Köpfe direkt auf das Ausgußloch stellen, mit dem Gesicht zur Ofenmitte (siehe Foto Seite 31).Köpfe mit anmodelierter Schulterplatte auf den Hinterkopf stellen und an der Ofenwand abstützen. Mit einem Stück Brennwatte zwischen Ofenwand und Porzellan schützen.

Kurze Arme und Beine direkt auf das Ausgußloch stellen. Angewinkelte Arme und Beine mit Stapelstützen an der Ferse und am Handgelenk unterstützen. Zwischen Porzellan und Stapelstütze Watte legen.

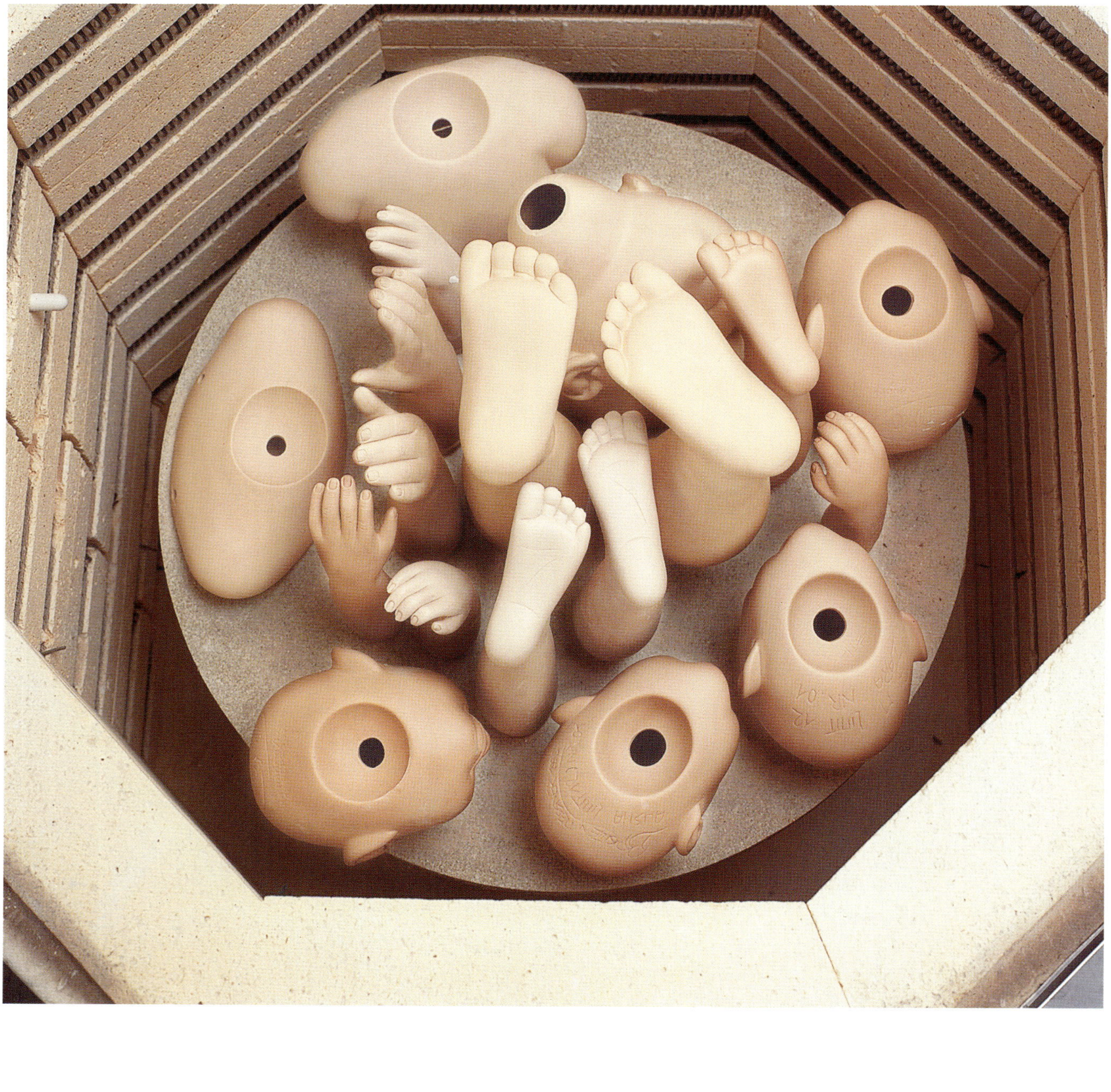

Sie können als Stützen auch alte gebrannte Schulterplatten verwenden, wenn Sie etwas Watte zwischen zu brennendes Teil und Schulterplatte geben.

Sehr lange oder sehr dünne Teile betten Sie in Sand, siehe Foto Seite 31.

Schulterplatten verziehen sich beim Brennvorgang sehr leicht.
Füllen Sie die Schulterplatten deshalb komplett mit Watte aus, so daß das Porzellan den Boden nicht mehr berührt. So brennt die Schulteplatte auf der Watte und kann sich nicht verziehen.

Ordnen Sie die vorbereiteten Teile sorgfältig in Ihrem Ofen an. Die Teile dürfen sich nicht berühren. Achten Sie darauf, daß nichts umfallen kann und bilden Sie einen Konus, auch wenn Sie auf mehreren Ebenen arbeiten.

Wenn Sie eine zweite Ebene bauen müssen, setzen Sie vor der Bestükkung der Ofenplatte drei weitere Stapelstützen auf die Platte. Bauen Sie diese Stelzen genügend hoch, so daß die unten gelagerten Teile nicht von der darüberliegenden Ofenplatte berührt werden.

Achtung:
Oben im Ofen ist es kühler als am Boden, deshalb die dunkleren Porzellanfarben (mit niedrigeren Brenntemperaturen) nach oben stellen und die helleren auf die unteren Ebenen. Außerdem sollte Ihr Ofen möglichst voll sein, denn beim Porzellanbrennen gilt: Voller Ofen, guter Brand.

Nun kann ich Ihnen nur noch gutes Gelingen wünschen.

Fehler und Fehlerkorrektur nach dem Brennen

Über- und Unterfeuerung

Die Überfeuerung, also wenn Sie Ihr Porzellan zu hoch gebrannt haben, ist sehr leicht zu erkennen: an der Oberfläche haben sich nach dem Scharfbrand viele kleine weiße Bläßchen gebildet. Das Porzellan sieht aus, als wäre es zu heiß gekocht. Leider können Sie diesen Fehler nicht mehr beheben. Überfeuerte Teile können Sie nur noch als Stützen im Ofen verwenden oder wegwerfen.

Die Unterfeuerung ist etwas schwieriger zu erkennen. Das unterfeuerte Porzellanteil sieht nach dem Scharfbrand leicht grau aus. Der Oberfläche fehlt der Schimmer von optimal gebranntem Porzellan. Bei sehr stark unterfeuerten Teilen sind bereits nach dem Scharfbrand an den Rändern kleine schwarze Pünktchen sichtbar. Bei leicht unterfeuerten Porzellanen zeigen sich diese Pünktchen erst nach dem Farbbrand.
Auf unterfeuerten Porzellanteilen haftet der Farbauftrag schlecht oder gar nicht. Sie können solche Teile jedoch korrigieren.

Wiederholen Sie dazu den Brennvorgang mit derselben Temperatur, mit der Sie vorher gebrannt haben. Auf keinen Fall eine höhere Temperatur wählen!

Glanzstellen

Zeigen sich nach dem Brand glatte und glänzige Stellen, vor allem an den Fingerspitzen, an der Nasenspitze, an den Lippen und Zehen, haben Sie in diesen Bereichen gar nicht oder zu wenig abgeschliffen. Mit einer Elefantenzunge (Schleifwerkzeug) läßt sich die Oberfläche nachträglich leicht anrauhen, so daß die Farbe auch auf diesen problematischen Stellen haftet.

Haarrisse und verzogene Teile

Teile, auf denen sich Haarrisse gebildet haben, können Sie leider nur noch wegwerfen.
Solche Risse entstehen durch unvorsichtige Handhabung während des Verschleifens, durch zuviel Druck auf das Porzellanteil, zu kräftiges Aufsetzen bei der Ofenbestückung oder dadurch, daß das Teil an einer Stelle am Ofenboden kleben geblieben ist.

Also am besten immer mit Gefühl und Ruhe arbeiten!

Manchmal werden Sie auch feststellen, daß sich Teile nach dem Brand verzogem haben. Das liegt daran, daß sich Porzellan an alles »erinnert«, was Sie mit ihm tun: Wenn Sie beim Herausnehmen aus der Form ein Teil gedrückt oder verbogen haben, zieht es sich während des Brennens in seine ursprüngliche Form zurück.

Auch an verzogenen Teilen können Sie leider keine Korrektur mehr vornehmen.

Bemalung

Die Bemalung der Puppen gehört für mich zu den schönsten Arbeiten, weil das Porzellan mit jedem Farbbrand lebendiger wird.

Seien Sie nicht enttäuscht, wenn der erste Strich nicht sofort perfekt sitzt. Ein wenig Geduld und Übung läßt Sie bald besser und besser werden. Also an die Arbeit oder besser: ans Vergnügen.

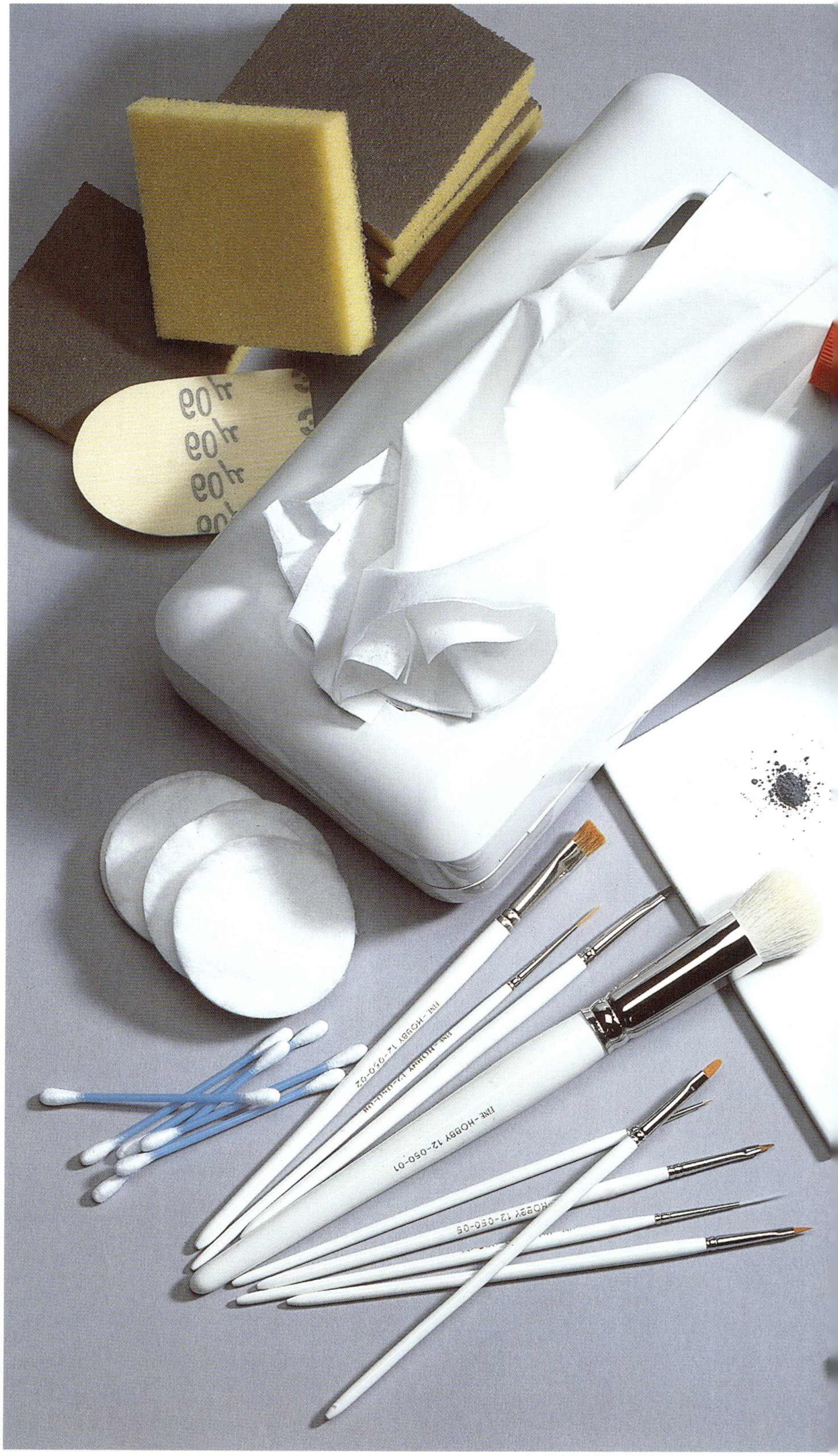

Farben und Pinsel für die Bemalung werden im Handel oft als Sets angeboten.

Material und Werkzeug

- *Schleifschwämme mit verschiedenen Stärken*
- *Elefantenzungen (starkes Schleifpapier)*
- *Isoalkohol*
- *Wattestäbchen*
- *Wattepads*
- *Kosmetiktücher*
- *Zahnstocher*
- *Fliesen mit einer glatten Oberfläche zum Anmachen der Farben*
- *Frotteespannbetttuch oder Handtuch als Unterlage*
- *Wasserglas zum Reinigen der Pinsel*
- *Grundsortiment von Porzellenfarben: Schwarz, Dunkelbraun, Mittelbraun, Hellbraun, gelbstichiges Rot, blaustichiges Rot, Violettbraun für Tiefenbemalung, helles Rosa, Weiß, dunkles Burgundrot, Rotbraun, grünstichiges Braun (Farbsets werden meist komplett angeboten)*
- *Weicher Bleistift*
- *Malmedium für Linien (Wasserbasis)*
- *Malmedium für Flächen (Wasserbasis)*
- *Spachteln zum Anmachen der Pulverfarben*
- *Pinselset zur Bemalung von Puppen: Großer Rougepinsel (Mop), kleiner Rougepinsel, Schlepper mit wenigen langen Haaren, kürzerer Schlepper, Lippenpinsel, Akzentpinsel, Katzenzungenpinsel. (Diese Pinsel werden in den Geschäften als Komplettsets angeboten.)*
- *Schleifblock (in Nagelstudios erhältlich)*

Beim Kauf Ihrer Farben und Pinsel gilt: Das Teuerste ist gerade gut genug. Sie sollten das Ergebnis Ihrer langen Arbeit nicht durch qualitativ schlechte Malmaterialien gefährden.

Vorbereiten der Porzellanteile

Ihr Arbeitsplatz muß gut beleuchtet und möglichst staubfrei sein. Tragen Sie bei der Malarbeit am besten Baumwollkleidung, die fusselt nicht. Auf keinen Fall Pullover mit langen Fasern, Angora usw.

Nach dem Scharfbrand fühlt sich die Porzellanoberfäche unangenehm rauh an. Diese Oberfläche glätten Sie nun zuerst mit dem Schleifschwamm. Für die Zwischenräume an Fingern und Zehen, auch zwischen den Lippen und in den Ohren verwenden Sie einen weichen Schleifblock. Nun können Sie das Porzellanteil fester in die Hand nehmen, denn es ist jetzt so stabil wie Geschirr.

Reinigen Sie alle gebrannten Teile. Manchmal treten Stellen auf, die sich mit dem Schleifschwamm nicht bearbeiten lassen, zum Beispiel kleine festgebrannte Staubteilchen vom Porzellan oder ein paar Krümmel Ofensand. Diese lassen sich mit der gröberen Elefantenzunge sehr gut entfernen. Benutzen Sie zuerst die grobe Seite bis die Unreinheiten entfernt sind, und schleifen Sie dann mit der feinen Seite die Oberfläche wieder glatt.

Reinigen Sie alle verschliffenen Teile mit einem Wattepad, das Sie mit Isoalkohol tränken. Die Stellen, an denen Wattefussel hängen bleiben, müssen Sie nochmals mit dem Schleifschwamm überarbeiten und wieder mit Alkohol reinigen.

Farbtypbestimmung

Bevor Sie mit der Bemalung beginnen, müssen Sie sich Gedanken machen, wie Ihre fertige Puppe aussehen soll. Für eine rothaarige Puppe benötigen Sie andere Farbtöne als für eine hellhäutige Blondine. Ich möchte Ihnen hier einige Hilfestellungen geben.

Folgende Farben verwenden Sie
für rothaarige Puppen
Augenbrauen: Mittelbraun, Rotbraun
Wimpern: Rotbraun, Dunkelbraun
Lippen: Gelbstichiges Rot
Gesichtsrouge: Gelbstichiges Rot, gemischt mit Burgundrot 1 : 1

für blonde Puppen
Augenbrauen: Hellbraun, Mittelbraun
Wimpern: Mittelbraun bis Dunkelbraun
Lippen: Helles Rosa und blaustichiges Rot 1 : 1
Gesichtsrouge: Blaustichiges Rot

für braunhaarige Puppen
Augenbrauen: Mittelbraun, grünstichiges Braun
Wippern: Dunkelbraun
Lippen: Helles Rosa und blaustichiges Rot 1 : 1
Gesichtsrouge: Burgundrot

für schwarzhaarige Puppen mit hellem Teint
Augenbrauen: Schwarz
Wimpern: Schwarz
Lippen: Helles Rosa und gelbstichiges Rot 2 : 1
Gesichtsrouge: Blaustichiges Rot

für Ethnopuppen
Augenbrauen: Dunkelbraun, Schwarz
Wimpern: Schwarz
Lippen: Blaustichiges Rot
Gesichtsrouge: Burgundrot

Für die Akzente wird immer dieselbe Farbe verwendet, und zwar Violettbraun. Diese Farbe ist für alle Schatten und Vertiefungen sehr gut geeignet, auch für alle Porzellan-Grundtöne. Je nach Konsistenz ist das Violettbraun heller oder dunkler. Nägel und Nagelmonde werden mit Weiß gemalt.

Arbeiten Sie mit zwei bis drei Farbbränden hintereinander:

Erste Bemalung: Schattierungen im Gesicht, erster Farbauftrag Augenbrauen, Wimpern, Lippen; Arme und Beine: Schattierungen, Nägel und Nagelmond, Akzente an den Dehnungsfalten und der Handinnenfläche.

Zweite Bemalung: Schatten in den Augenlidern, Schatten über den Augenbrauen und dunklere Augenbrauenbemalung; Augenlid und Tränenkanal; zweiter Farbauftrag für Lippen; Arme und Beine: Hand- und Fußrouge, Nagelglanz.

Dritte Bemalung: Gesichtsrouge, Lippenfalten.

Rothaarig und mit frechen Sommersprossen – so präsentiert sich Jekatharina.

Stellen Sie Ihre Farbauswahl auf einigen Fliesen zusammen.

Links: Unbemalte Hand. Rechts: Farbreste in den Falten der Handinnenfläche.

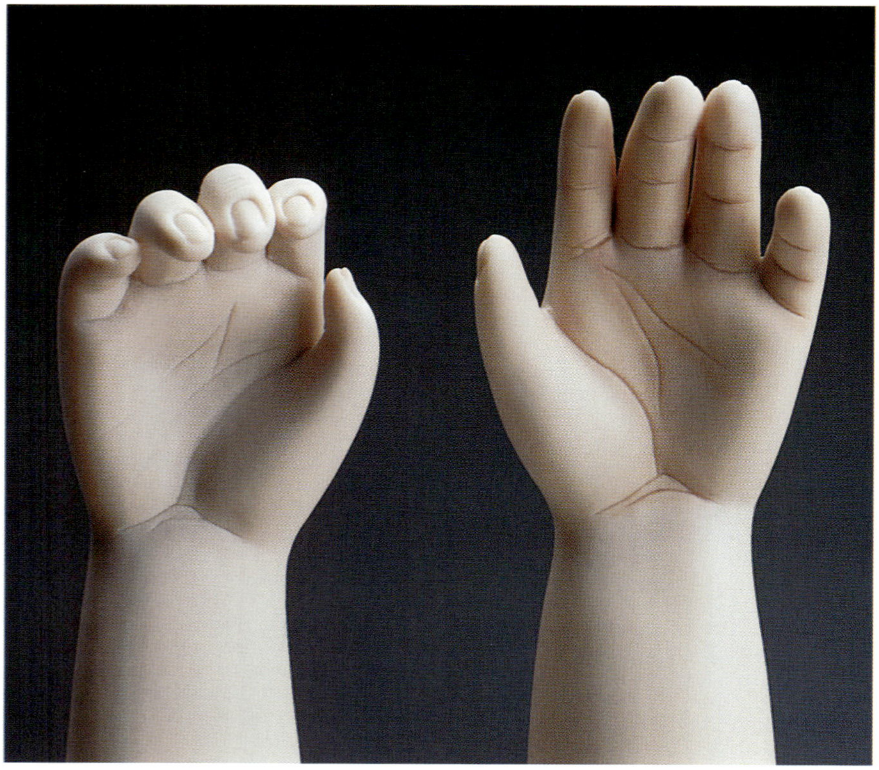

Bemalung im Detail

Schatten und Akzente

Bereiten Sie Ihre Farbauswahl auf einer oder mehreren Fliesen vor. Geben Sie eine Messerspitze Farbpulver auf die Fliese und fügen Sie vorsichtig einen Topfen Medium hinzu (Medium für große Flächen oder feine Linien, je nachdem, was Sie malen möchten), vermischen Sie beides mit der Spachtel zu einem dicken Brei, der ungefähr die Konsistenz von Zahnpaste hat. Verfahren Sie so mit allen benötigten Farben.

Lassen Sie auf den Fliesen genügend Abstand zwischen den einzelnen Farben, damit sie sich nicht vermischen.

Für die Schatten und Akzente benötigen Sie den kleinen Rougepinsel, den Katzenzungenpinsel und die Wattestäbchen.

Beginnen Sie mit den Händen und Füßen. Tauchen Sie den kleinen Rougepinsel erst in das Medium und nehmen Sie dann die Farbe für die Akzente auf.

Verteilen Sie die Farbe in den Fingerzwischenräumen auf der Handaußen- und Innenseite. Bemalen Sie die Füße genauso und tragen Sie die Farbe dabei großzügig auf.

Nun nehmen Sie ein Kosmetiktuch und wischen mit leichtem Druck die Farbe an der Oberfläche wieder ab. In den Zwischenräumen verbleibt ein Farbrest.

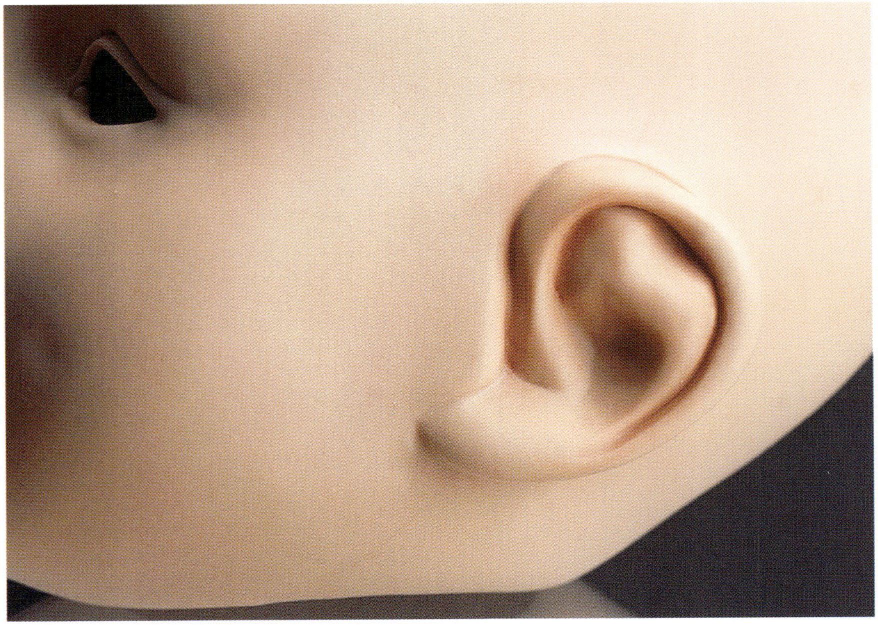

Bedecken Sie die Ohrmuschel innen und außen mit einer dünnen Farbschicht.

Nehmen Sie nun den großen Mop und verteilen Sie die Farbe sanft in den Zwischenräumen.

Sollte kein Farbauftrag mehr vorhanden sein, haben Sie die Farbe zu dünn angerührt. Wiederholen Sie den Vorgang dann mit etwas dickerer Farbe.

Ist Ihr Ergebnis sehr dunkel und fleckig, dann war die Farbe zu dick. Wiederholen Sie das Ganze dann mit einer dünneren Farbmischung. Sie werden sehr schnell ein Gefühl für die richtige Farbkonsistenz bekommen.

Im Gesicht werden auch Schatten gemalt. Geben Sie mit dem Katzenzungenpinsel eine dünne Farbschicht in die Ohrmuschel und außen auf das Ohr, ebenso auf die Augenlider, um die Nasenflügel, in die Mundwinkel und in die Nasenlöcher.

Mit dem großen Mop vertreiben Sie die Farbe so, daß weiche Übergänge entstehen. Mit dem Wattestäbchen können Sie, wenn nötig, Farbe sehr gezielt abtragen. Am Augenlid verteilen Sie mit dem Wattestäbchen die Farbe von innen nach außen, damit ein weicher Farbübergang entsteht.

Augenbrauen und Wimpern

Für die Augenbrauen benötigen Sie den langen und kurzen Schlepper und den Katzenzungenpinsel.

Bei den meisten Puppenreproduktionen liegen die Augenbrauen zu hoch, was der Puppe einen überheblichen und arroganten Ausdruck verleiht. Bevor Sie mit dem Bemalen beginnen, markieren Sie sich die Lage der Augenbrauen mit kleinen Punkten. Benutzen Sie dafür einen weichen Bleistift. Beginnen Sie beim

Malen Sie die Augenbrauen vom inneren Augenwinkel aus nach außen und setzen Sie viele kleine leicht gebogene Striche.

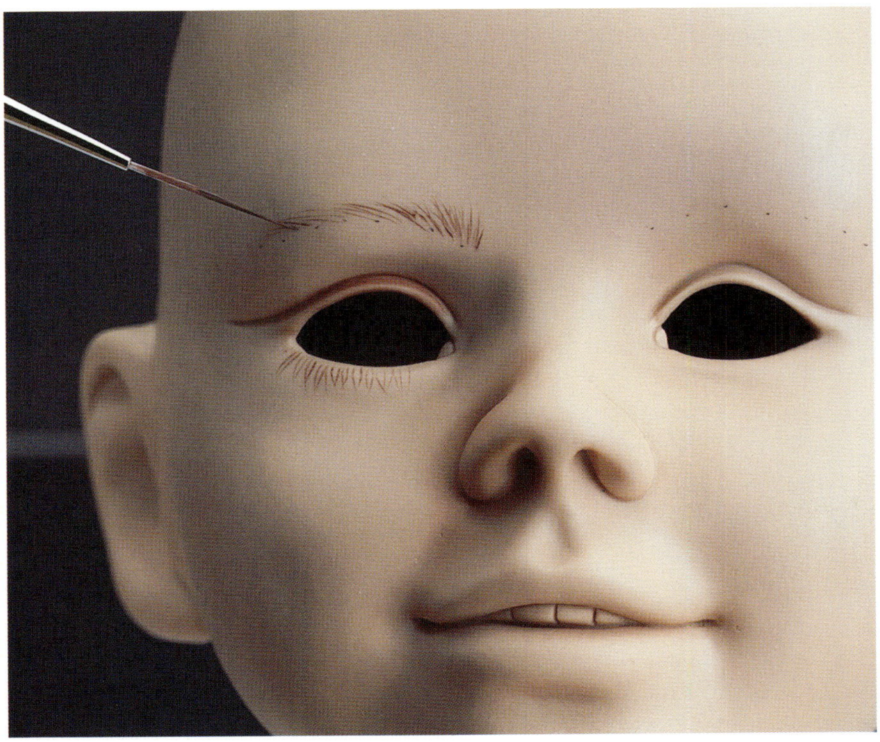

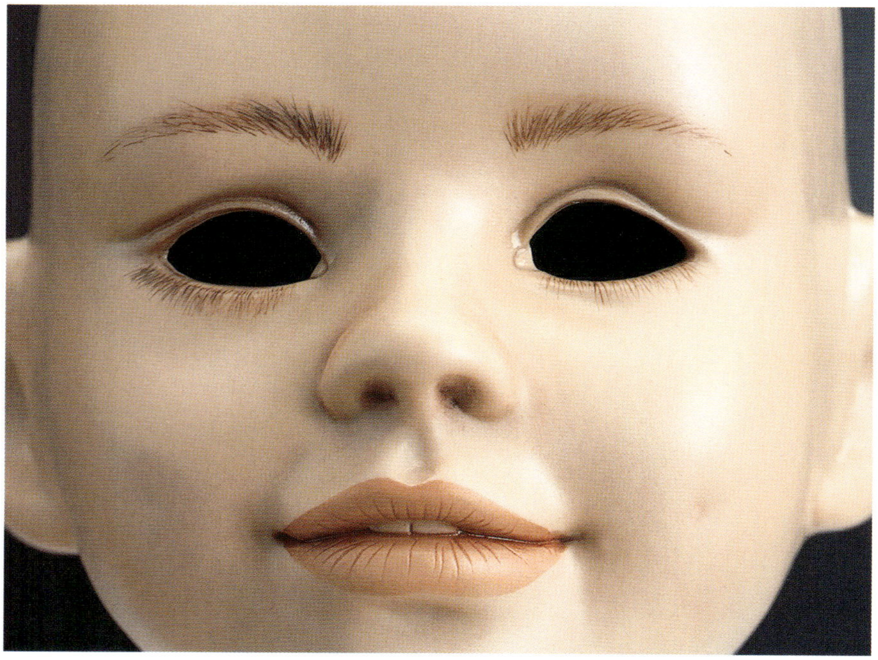

Links: Augenbraue nach dem ersten Farbauftrag. Rechts: Zweite Bemalung nach dem Brennen.

inneren Augenwinkel und arbeiten Sie senkrecht nach oben.

Betrachten Sie den Kopf: Ist die Lage der Brauen richtig? Korrigieren Sie so lange, bis Sie zufrieden sind. Die Bleistiftlinie läßt sich bei jeder Korrektur mühelos abwischen und brennt beim Farbbrand weg, ohne Spuren zu hinterlassen.

Hilfreich ist es auch, wenn Sie ein Foto der fertigen Puppe (z.B. von der Formenverpackung) oder ein Foto von einem Gesicht als Vorlage verwenden, an der Sie sehen können, wie die Augenbrauen liegen. Lehnen Sie sich bei der Arbeit bequem in Ihrem Stuhl zurück und legen Sie sich den Porzellankopf auf Ihre Brust. Je ruhiger der Kopf liegt, desto leichter können Sie ihn bemalen.

Beginnen Sie mit dem hellsten Braunton und malen Sie vom inneren Augenwinkel nach außen. Setzen Sie für die Augenbrauen viele kleine »Kommas« mit dem Pinsel, keine gerade nach oben zeigenden Striche. Am äußeren Augenwinkel ist die Braue schmaler als am inneren Augenwinkel. Nach dem Auftrag der hellsten Farbe wiederholen Sie den Vorgang mit dem dunkleren Ton. Der erste Farbauftrag der Brauen wird anschließend gebrannt.

Nach dem Brennen übermalen Sie den breiteren Bereich der Augenbrauen ein zweites Mal mit dem dunkleren Ton, so daß eine Tiefenwirkung entsteht.

Diese Bemalung wird wieder eingebrannt.

Die Wimpern sind einfacher zu malen. Benutzen Sie dafür den kürzeren Schlepper. Tauchen Sie den Pinsel in Medium für dünne Linien und dann in die Farbe, vermischen Sie beides bis eine dünne Farbe entsteht, die leicht aus dem Pinsel läuft. Beginnen Sie am äußeren Augenwinkel, setzen Sie die Pinselspitze am äußeren Augenwinkel an und streifen Sie den Pinsel mit einer leichten Außenbewegung ab. Nehmen Sie etwa alle drei bis vier Wimpern Farbe auf.

Malen Sie die Wimpern nicht alle in die gleiche Richtung und setzen Sie sie bis etwa 1 mm vor den inneren Augenwinkel.

Verwenden Sie für die Wimpern immer einen dunkleren Ton als für die Augenbrauen. Eine Bemalung ist ausreichend.

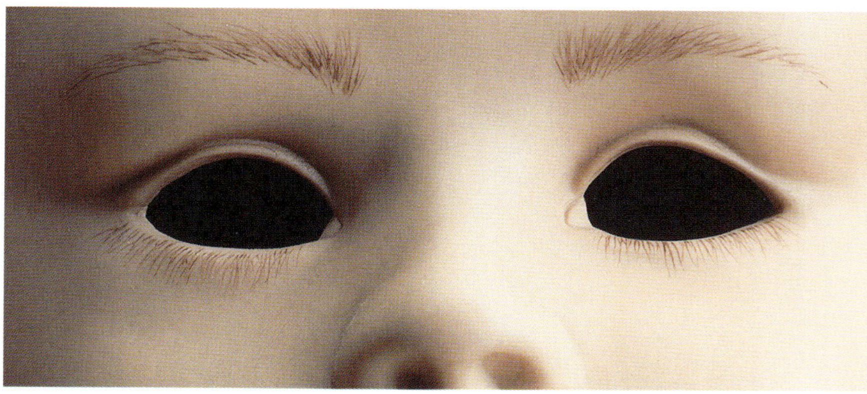

Für die Wimpern ist eine Bemalung in einem dunkleren Ton ausreichend.

Lippen

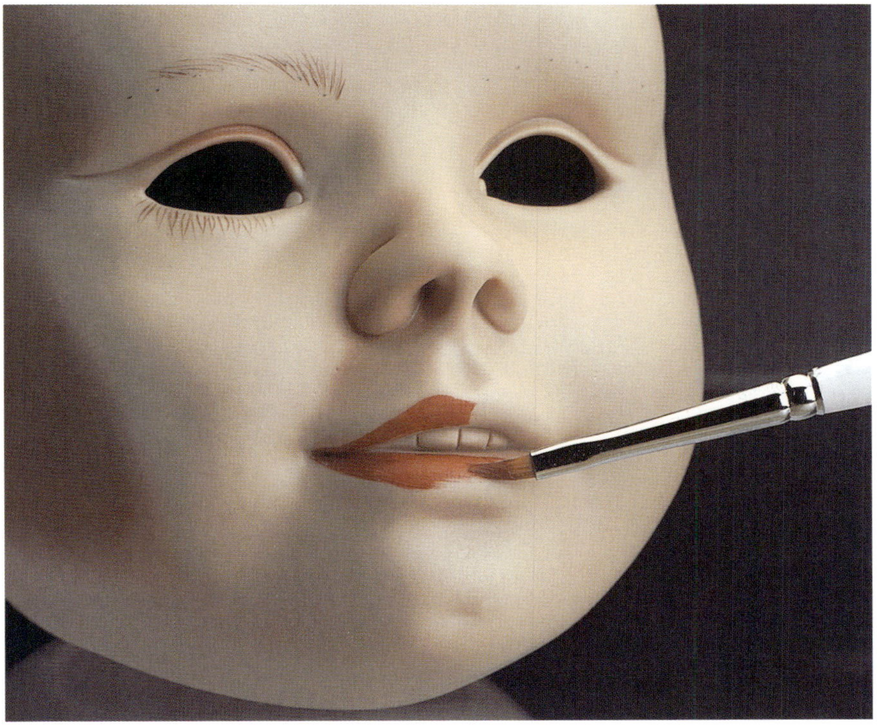

Bemalen und vergrößern Sie die Lippen in Nuancen, bis Sie den richtigen Ausdruck erreicht haben.

Die Farbe für die Lippen muß eine etwas dickere Konsistenz haben, ungefähr wie Schuhcreme. Mit dem Lippenpinsel setzen Sie etwas Farbe in die Mitte der Lippe und verteilen sie zum äußeren Lippenrand hin. Achten Sie darauf, eine saubere und gleichmäßige Lippenkontur zu malen. Sind die Lippen zu breit geworden, nehmen Sie mit dem Wattestäbchen die überflüssige Farbe ab und malen einen neuen Rand.

Bei den meisten Puppen ist die Lippenlinie gut erkennbar. Ansonsten müßten Sie sich die ideale Lippenlinie suchen. Beginnen Sie mit einer kleinen Lippe und werden Sie in Nuancen größer. Betrachten Sie dabei die Veränderungen im Gesichtsausdruck. Sobald der positivste Gesichtsausdruck erreicht ist, belassen Sie den Lippenbogen wie er ist.

Tupfen Sie mit einem Kosmetiktuch die Farbe wieder von den Lippen.

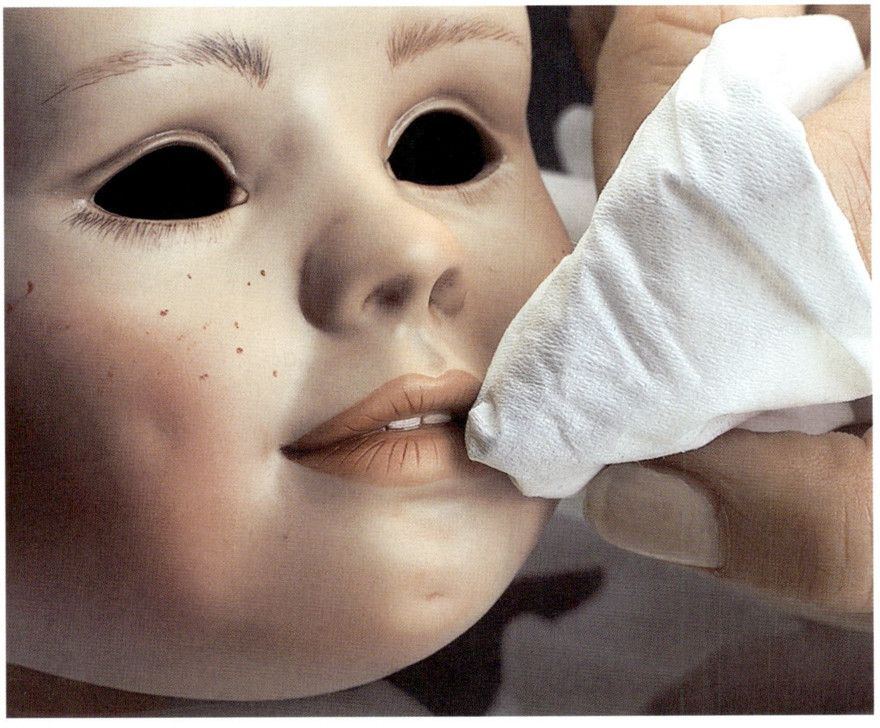

Mit einem Kosmetiktuch tupfen Sie die Lippen ab, wie Sie es auch bei zu dick aufgetragenem Lippenstift machen. Durch das Abtupfen tragen Sie auf den Erhebungen der Lippen Farbe ab, in den Vertiefungen dagegen bleibt der Farbauftrag unverändert dunkel.

Mit dem Katzenzungenpinsel schaffen Sie an den entstanden Rändern einen gleichmäßigen Übergang. Auf den höchsten Punkten der Lippe nehmen Sie mit einem Wattestäbchen noch etwas Farbe ab, so daß hier eine sehr helle Fläche entsteht. Dies sind die Lichtpunkte. Beachten Sie, daß diese Technik nur mit dicker Farbpaste funktioniert.

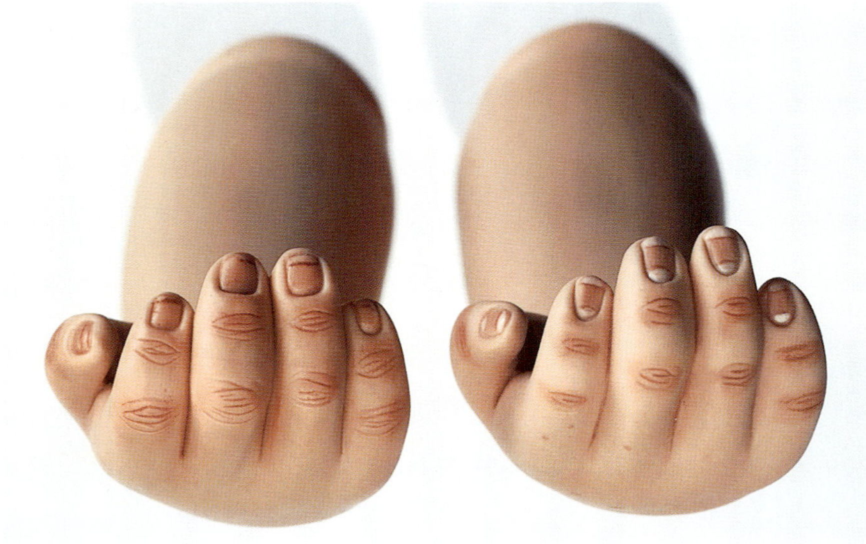

Rechts: Gleichmäßig verteilte Akzentfarbe auf den Nägeln. Links: Nagelmond und oberer Nagelrand werden mit weißer Farbe gemalt.

Fuß- und Fingernägel

Ich lege bei meinen Puppen sehr viel Wert auf die Ausarbeitung der Hände und Füße. Die Bemalung der Nägel ist nur ein kleiner zusätzlicher Zeitaufwand, der sich aber lohnt. Sie benötigen für die Bemalung die Farbe der Akzente und Weiß.

Geben Sie mit dem Katzenzungenpinsel ein wenig Akzentfarbe auf den Nagel und verteilen Sie sie mit einem Wattestäbchen gleichmäßig, so daß ein zart roséfarbener Ton entsteht. Den kurzen Schlepper tauchen Sie zuerst in das Medium für dünne Linien und vermischen es mit der Akzentfarbe zu einer gut fließenden Farbe. Nun ziehen Sie eine sehr feine Linie auf dem Fingernagel – die Grenze, an der der weiße Nagel beginnt.

Mit dem Akzentpinsel malen Sie den kleinen Mond aus weißer Farbe. Unterhalb der Grenzlinie bemalen Sie den Nagel ebenfalls mit Weiß. Fuß- und Fingernägel werden auf dieselbe Weise bemalt.

Szene auf dem persischen Markt: Wird Usua ihren Schmuck verkaufen können? Aber wer könnte diesem Blick widerstehen? ▶

Die so bemalten Teile müssen zwischengebrannt werden, ehe Sie den nächsten Farbauftrag tätigen.

Körperrouge

Für das Körperrouge verwende ich keine angemachte Farbe, sondern Pulver.

Ich benutze das Pulver wie echte Schminke – das ist einfacher und das Ergebnis ist fleckenfrei.

Diese Rougetechnik wird bei Kopf, Armen und Beinen gleich angewendet.

Verteilen Sie mit den Händen zwei bis drei Tropfen Medium für Flächen

Mit Rouge und Sommersprossen versehener Puppenkopf.

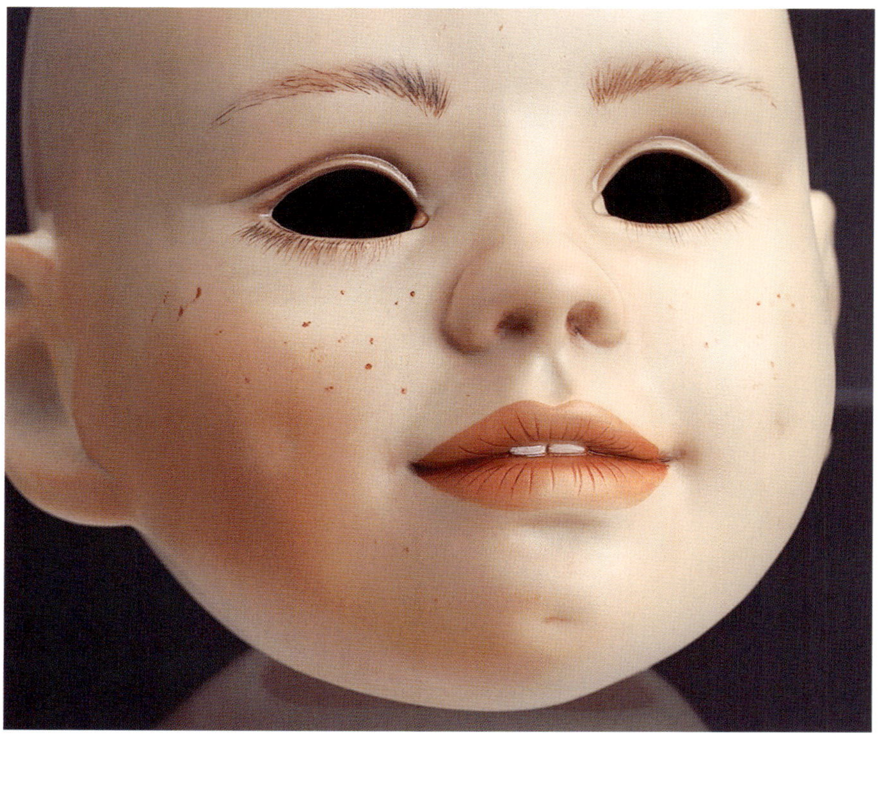

Mit ihrem dunklen Teint und ihren schwarzen Augen verzaubert Usua jeden Betrachter.

auf dem Kopf. Dann tragen Sie mit dem Kosmetiktuch das Medium so weit ab, daß ein seidenmatter Glanz entsteht. Nehmen Sie mit dem großen Rougepinsel (Mop) ein wenig Farbpulver auf und streifen Sie den Pinsel auf dem Frotteetuch ab, so daß ein Hauch Farbe im Pinsel verbleibt. Nun mit kreisenden Bewegungen die Farbe auf Wangen, Kinn und Stirn verteilen. Es dürfen keine harten Ränder entstehen. Ist Ihnen das Rouge zu dunkel, nehmen Sie ein Wattepad und tragen damit etwas Farbe ab. Ist das Ergebnis zu hell, tragen Sie mit dem Pinsel ein zweites Mal Farbe auf.

Entstehen dünne Streifen, haben Sie zu viel Medium aufgetragen. Nehmen Sie ein Kosmetiktuch und verreiben Sie damit das Medium bis ein seidenmatter Glanz entsteht. Ist der Farbauftrag fleckig, war zu wenig Medium auf dem Porzellan. Geben Sie ein paar Tropfen Medium auf den Kopf, ohne die Farbe zu entfernen, und verreiben Sie das Medium zu seidenmattem Glanz. Arme und Beine werden genauso bearbeitet.

Sommersprossen werden mit einem Zahnstocher aufgetragen. Tauchen Sie die Spitze in Farbe und tupfen Sie die Pünktchen ungleichmäßig verteilt auf. Verwenden Sie dazu verschiedene Rot- und Brauntöne.

Einfärben der gesamten Puppe

Ethnopuppen gestalte ich besonders gern, das Porzellan zu tönen, hat für mich einen ganz besonderen Reiz. Anfangs war diese Arbeit noch mit einigen Schwierigkeiten verbunden, es entstanden Flecken oder ein ungleichmäßiger Farbauftrag. Nach und nach habe ich jedoch eine Technik entwickelt, die schnell und einfach ist.

Machen Sie eine Farbpaste an, die die Konsistenz von Körperlotion hat. Tauchen Sie einen aufgebrauchten alten Abschleifschwamm an einer Kante in die Farbe und verreiben Sie sie mit kräftigem Druck auf dem Porzellanteil, so daß ein fast gleichmäßiger, dünner Farbauftrag entsteht.

Mit einem Kosmetiktuch tragen Sie die überschüssige Farbe ab. Die Restfarbe verteilen Sie mit dem großen Mop in kreisenden Bewegungen gleichmäßig über das Porzellan. Je dunkler Ihre Puppe sein soll, desto öfter müssen Sie diesen Vorgang wiederholen. Tragen Sie lieber viele dünne Farbschichten auf als eine dicke.

Bei allen Vertiefungen, also z.B. in den Ohren, zwischen den Zehen oder am Hals, vertreiben Sie die Farbe am besten mit dem großen Mop.

Hell-Dunkel-Kontraste

Erst durch den Kontrast von Hell und Dunkel, Licht und Schatten entsteht Lebendigkeit. Benutzen Sie bei den Augenbrauen zum Beispiel verschiedene Brauntöne, setzen Sie hellere und dunklere Farbabstufungen nebeneinander. Das verleiht dem Gesicht lebendigen Ausdruck und Tiefe.

Anfängern fehlt oft noch der Mut, verschiedene Farben zu benutzen. Aber wenn Sie erst einmal die Wirkung von Farbkontrasten erkannt haben, werden Sie sehr viel Spaß am Experimentieren mit den Farben haben.

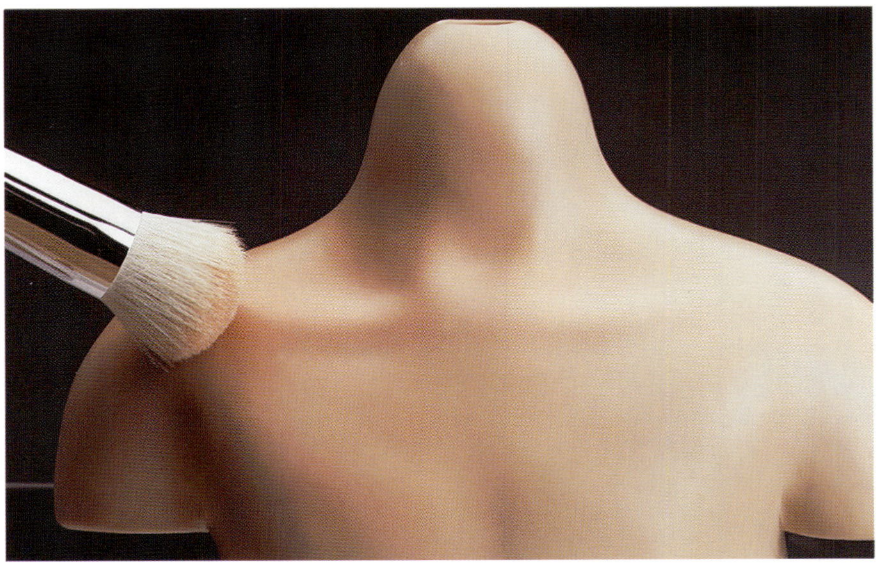

Mit dem großen Mop läßt sich die Rougefarbe leicht und gleichmäßig verteilen.

Farbbrand

Das Einbrennen der Farbe ist keine komplizierte Sache. Der Ofen wird auf eine Temperatur von maximal 750°C erhitzt, so daß am Porzellan selbst keine Veränderung mehr passieren kann.

Vorsicht ist nur beim Bestücken des Ofens geboten, es dürfen sich keine Fingerabdrücke auf den Teilen einschleichen. Verwenden Sie zum Einräumen ein Wattepad. Mit dem Pad können Sie auch an Farbaufträge greifen, ohne Flecken zu verursachen.

Brenntemperaturen der verschiedenen Farben

Nicht alle Farbtöne werden mit derselben Temperatur gebrannt. Einige Farbtöne verändern sich beim Einbrennen, zum Beispiel werden manche Rottöne heller oder bekommen einen bläulichen Schimmer.

Bedenken Sie dies beim Farbauftrag und lernen Sie aus den Erfahrungen, die Sie im Laufe der Zeit mit den Farben machen. Dann passiert es Ihnen irgendwann nicht mehr, daß Ihre Puppe nach dem Farbbrand zu blaß oder – im Gegenteil – sonnenverbrannt aussieht, weil Sie zu viel oder zu wenig Rouge aufgetragen haben.

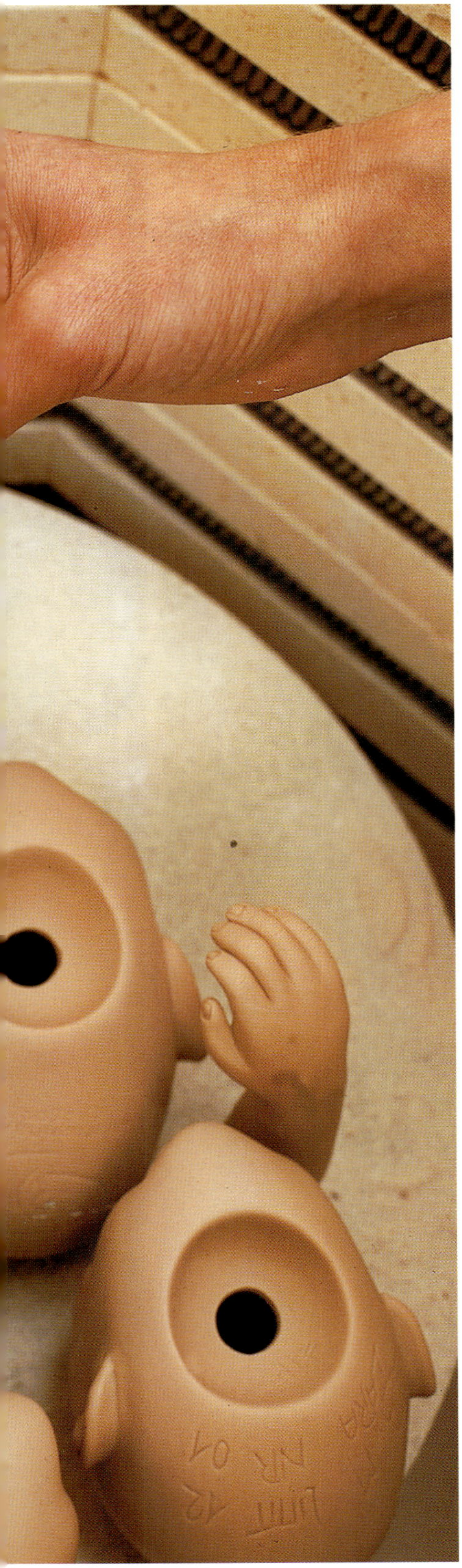

Die Farben der Firma Fine Hobby verändern sich beim Farbbrand kaum, was Ihnen sehr viel Sicherheit bei der Bemalung gibt.

Meine Brenndaten für Automatiköfen:

Alle Rottöne (also Aufrougebrände)
Brennen Sie 120 Minuten auf 720°C, Haltezeit drei Minuten.

Alle Braun- und Schwarztöne
In 120 Minuten auf 740°C, Haltezeit 2 Minuten.

Bei Segerkegelköfen benutzen Sie für den Rougebrand Kegel Nr. 19, für Braun- und Schwarztöne Kegel Nr. 18.

Farbveränderungen beim Brennen

Rottöne
Rottöne werden bei zu hoher Temperatur heller, der Ofen »frißt« sozusagen Farbe weg. Dies ist bei falscher Feuerung mit einem sehr hellen Farbergebnis verbunden, das durch einen zweiten Aufrougebrand behoben werden kann.

Wattepads verhindern beim Bestücken des Ofens Fingerabdrücke auf den bemalten Porzellanteilen.

Andererseits können Köpfe, die nach dem Brand fleckig sind, durch hohe Temperaturen auch wieder saubergebrannt werden. Sie feuern dazu das Porzellan auf 900°C hoch und alle Rottöne sind verschwunden.

Zu kräftig aufgetragene rote Farbe auf den Lippen wird nach dem Brand schwarzrot. Sollte Ihnen das passiert sein, können Sie den Kopf nur wegwerfen, er kann nicht mehr korrigiert werden.

Brauntöne
Brauntöne sind sehr einfach zu handhaben, da sie sich beim Brand nicht allzu sehr verändern, sondern nur intensiver werden.

Schwarz
wird wie Braun gebrannt.

Weißtöne
sind bis 750°C feuerbar.

Ofenbestückung

Beim Farbbrand dürfen sich die Porzellanteile im Ofen berühren, denn sie können nicht mehr zusammenkleben. Sie müssen hier auch keinen Konus mehr bauen, das heißt Sie können den Platz in Ihrem Ofen optimal ausnutzen. Legen Sie Ihre Porzellanteile auf keinen Fall auf den Ofenboden, dadurch entstehen Flecken am Ofenboden. Stellen Sie die Teile möglichst auf den Ausgußrand und stützen Sie – wenn nötig – Arme und Beine oder lehnen Sie sie an der Ofenwand an. Sie können manche Teile auch aneinander lehnen (siehe Foto Seite 36).

Zusammenbau

Material und Werkzeug

- *Glasaugen in passender Größe*
- *Kopfdeckel aus Pappe*
- *Perücke*
- *Wimpernstränge (Oberwimpern)*
- *Stoffkörper*
- *Baumwollgarn in Körperfarbe (zum Nähen)*
- *Dickes Baumwollgarn (zum Befestigen des Körpers)*
- *Schulterplattenverbinder*
- *Wachsklebeplättchen*
- *Gips oder Gipsbinden*
- *Stopfwatte/Bastelwatte*
- *Sehr lange Nadeln (ca. 20 cm)*
- *Holzleim (für Plastikkopfdeckel)*
- *Heißklebepistole/wasserlöslicher Kleber (für Papierkopfdeckel)*
- *Wattepads*
- *Wattestäbchen*
- *Zahnstocher*
- *Isoalkohol*
- *Glas mit lauwarmem Wasser*
- *Pinzette*
- *spitze Schere*
- *Gummiband*

Puppenkörper gibt es in verschiedenen Größen und Ausführungen zu kaufen, ebenso Perücken, Glasaugen und Accessoires.

Auswahl der Augen

Am Markt wird eine Vielzahl von Puppenaugen unterschiedlichster Qualität angeboten: weiche Plastikaugen, Halbschalenplastikaugen, Halbschalenglasaugen oder runde hohle Glasaugen.

Ich verwende nur Glasaugen von sehr guter Qualität, denn diese Augen sind so geformt, daß sie optimal in der Augenhöhle liegen. Bei billigen Augen ist die Iris meist zu hoch angesetzt und die Augen liegen sehr schlecht in der Höhle. An beiden Augenwinkeln ist dann sehr viel Wachs zu sehen.

Probieren Sie vor dem Kauf unterschiedliche Farben an Ihrer Puppe aus, die Puppe wird sich selbst die optimale Farbe aussuchen. Wie? Ihre Puppe wird bei der richtigen Farbe »einen Blick bekommen«, das heißt, daß Sie dann die vollkommene Harmonie zwischen Augenfarbe und Hauttönung gefunden haben. Achten Sie darauf, daß die Augen richtig in der Augenhöhle sitzen.

Wagen Sie auch mal sanfte Kontraste. Wo steht geschrieben, daß eine dunkelhäutige Puppe keine blauen Augen haben darf? Sie können hier außergewöhnliche Puppenkreationen schaffen. Und denken Sie daran, daß die Augen die Seele Ihrer Puppe sind, sparen Sie hier also nicht.

Perücken

Am besten lassen sich Perücken verarbeiten, die auf eine Stretchmontur geknüpft sind. Diese Perücken sind in der Weite ca. 3 bis 5 cm dehnbar.

Es sind ganz verschiedene Echthaarperücken im Angebot: teiltressierte mit eingeknüpftem Scheitel, komplett handgeknüpfte Echthaarperücken und Perücken, die auf Folie gearbeitet sind. Darüber hinaus haben Sie die Wahl zwischen Kunsthaarperücken, Kunstmohair- und Echtmohairperücken oder Tressenkäppchen für Babypuppen.

Testen Sie auch hier beim Kauf einige Varianten durch, damit Sie sehen, was Ihrer Puppe am besten steht.

Schön zu verarbeiten sind Echthaarperücken, denn sie können gefärbt, gewaschen, gewickelt und hervorragend gesteckt werden.

Mit Wachs versehenes Glasauge in der Augenhöhle.

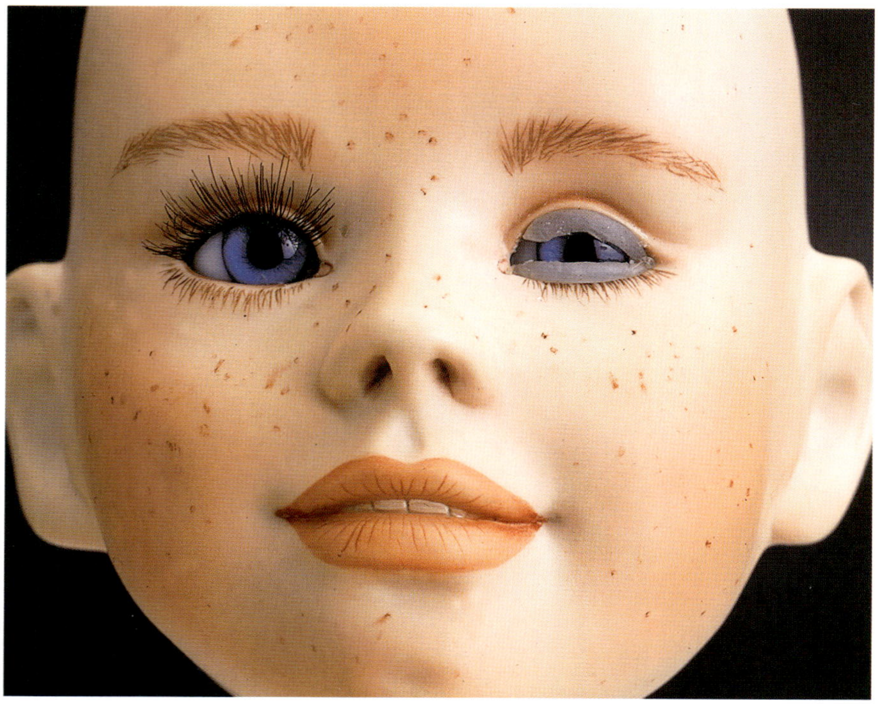

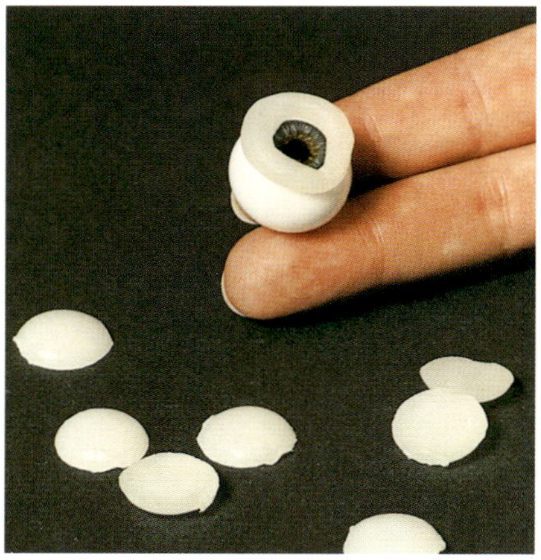

Das weichgeknetete Wachs wird um die Iris des Glasauges gelegt.

Körper

Für Reproduktionspuppen werden meist auch die passenden Körper angeboten. Wenn dies nicht der Fall ist, kaufen Sie den Körper, der am besten paßt und ändern ihn gegebenenfalls ab.

Vielfach werden auch Körperhüllen angeboten, die Sie selbst stopfen müssen. Dazu verwenden Sie am besten Bastelwatte.

Einsetzen der Augen und Wimpern

Nehmen Sie zum Einkleben der Augen Wachsklebeblättchen, die Sie mit der Hand weichkneten. Reinigen Sie die Glasaugen mit Alkohol, damit das Klebewachs gut am Auge haftet. Formen Sie eine 7 cm lange Wachsrolle und legen Sie diese um die Iris der Glasaugen.

Nehmen Sie das so vorbereitete Auge zwischen Zeigefinger und Mittelfinger. Greifen Sie in den Porzellankopf und drücken Sie das Glasauge vorsichtig in die Augenhöhle, so daß auf der Außenseite das überflüssige Wachs herausquillt. Befestigen Sie so auch das zweite Auge. Reinigen Sie die Pupille mit einem Wattestäbchen und Alkohol, damit Sie die Blickrichtung einstellen können.

Nun justieren Sie die Blickrichtung der Puppe. Achten Sie drauf, daß Ihre Puppe keinen stechenden Blick bekommt. Lassen Sie die Augen leicht nach oben oder leicht nach unten blicken, aber nie ganz gerade aus. Auch ein leichter Silberblick kann sehr reizvoll sein, er sollte dann nur zum Gesichtsausdruck passen.

Stellen Sie sich zum Justieren vor einen Spiegel und halten Sie den Porzellankopf so in der Hand, daß die Puppe in den Spiegel blickt. Nun

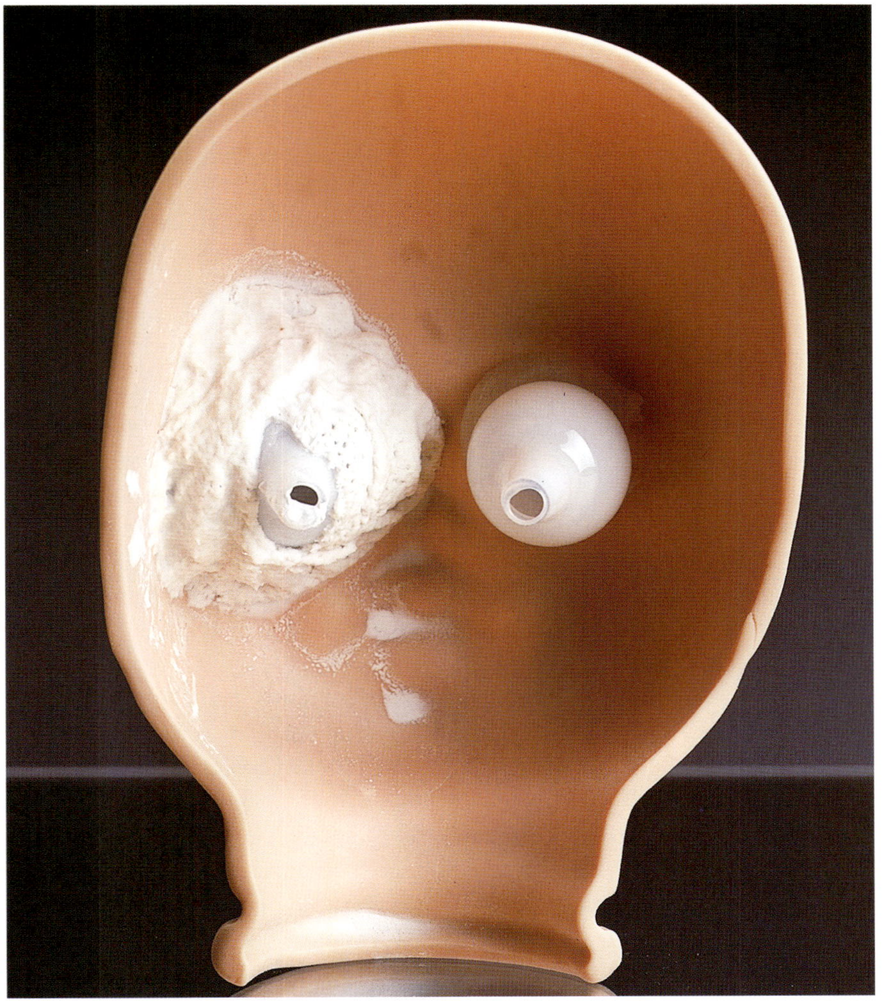

Eingegipstes Auge. Der Puppenkopf wurde zur Verdeutlichung aufgeschnitten.

fest mit dem Porzellan verbunden ist. Lassen Sie den Griffzapfen des Auges frei liegen. Zum Trocknen stellen Sie den Kopf auf das Ausgußloch.

Eine andere Möglichkeit ist, die Augen mit Hilfe von Gipsbrei einzupassen.

Rühren Sie dazu in einem alten Gefäß ein wenig Gips an, bis er dicklich wird. Verteilen Sie den Gipsbrei mit einem Löffel über und um das Auge. Stellen Sie so eine Verbindung zwischen Porzellan und Glas her. Legen Sie den Kopf zum Trocknen auf das Gesicht, damit der Brei nicht herauslaufen kann. Nach ca. 20 Minuten ist der Gips hart.

Der Wimpernstrang wird am Augenlid angelegt.

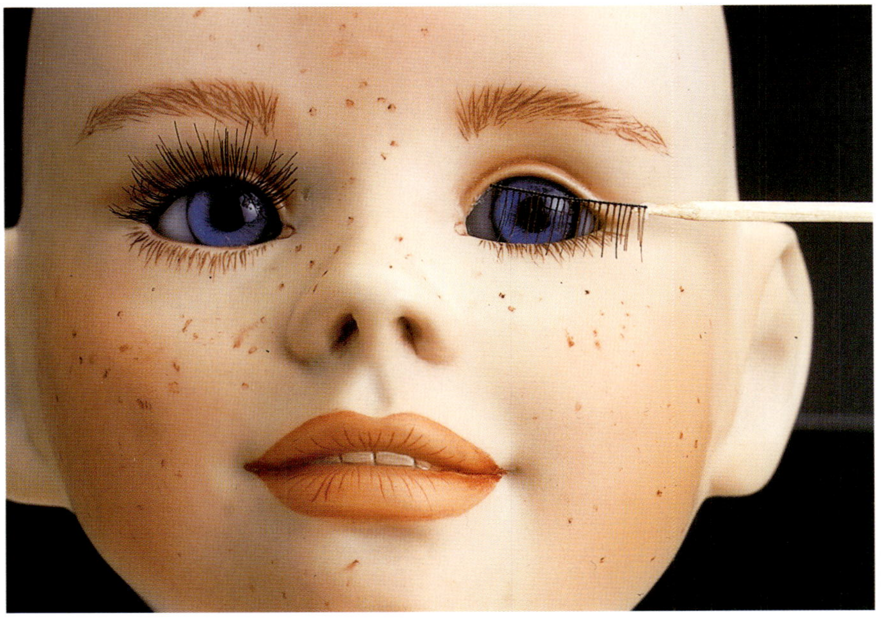

schauen Sie in den Spiegel und versuchen, Ihrer Puppe in die Augen zu sehen. Wenn der Blick nicht stimmt, werden Sie das sofort feststellen und können ihn korrigieren.

Es gibt zwei Möglichkeiten, die Augen einzugipsen. Ich verwende dafür meist Gipsbinden. Schneiden Sie 5 cm breite Streifen von der Gipsbinde ab, je Auge benötigen Sie zwei bis drei Streifen. Greifen Sie die Streifen mit einer langen Pinzette, tauchen sie kurz in lauwarmes Wasser und legen sie dann im Inneren des Kopfes um das Auge. Bringen Sie so viele Gipsstreifen an, daß das Auge komplett bedeckt und

Nach den Aushärten müssen Sie die Augen reinigen. Nehmen Sie dazu ein Wattestäbchen und tauchen Sie es in Alkohol. Reinigen Sie die Augen (Pupillen) von allen Wachsteilen. Überflüssiges Wachs entfernen Sie mit einem Zahnstocher aus den Augenwinkeln.

Lassen Sie am oberen Augenlid noch etwas Wachs stehen zum Anpassen der Wimpern.

Nehmen Sie den Wimpernstrang und drücken Sie den Anfang in den äußeren Augenwinkel. Legen Sie die Wimpern am oberen Augenlid entlang bis zum inneren Augenwinkel. Schneiden Sie den ausgemessenen Strang mit einer spitzen Schere ab und wiederholen Sie das Ganze beim zweiten Auge. Nun entfernen Sie die Wimpern wieder. Reinigen Sie das Auge nochmals. Geben Sie auf den Rand des Wimpernstranges etwas Holzleim und drücken Sie ihn wieder an das Augenlid. Benutzen Sie dafür einen Zahnstocher.

Lassen Sie die Wimpern gut antrocknen, bevor Sie sie zurechtschneiden.

Zusammensetzen der Puppe

Die meisten Puppen haben Einbinderillen, was den Zusammenbau sehr erleichtert. Kopf und Schulterplatte werden mit dem Schulterplattenverbinder zusammengefügt. Führen Sie dazu ein festes Baumwollgarn von ca. 1 m Länge durch die Öse am Schulterplattenverbinder und verknoten Sie das Garn an den Enden.

Legen Sie den Verbinder in den Halskurbel und ziehen Sie das Garn durch das Halsloch.

Setzen Sie den Kopf auf und ziehen Sie auch hier das Garn durch das Loch.

Mit einer Pinzette greifen Sie den Dorn und führen ihn in die Öse. Achten Sie darauf, daß die Biegung des Dorns in der Mitte liegt. Zum Einschieben des Dorns in die Öse müssen Sie die Feder etwas anziehen.

Geben Sie etwas Kleber in die Einbinderille und füllen Sie ein wenig Watte in den Porzellanarm. Drücken Sie den Arm in den Stofftunnel, ziehen Sie das Baumwollgarn stramm in die Einbinderille und verknoten Sie das Garn. Ziehen Sie die Garnenden quer durch den Stoffkörper, so daß Sie aufgeräumt sind. Bringen Sie so alle übrigen Gliedmaßen an.

Setzen Sie nun die Schulterplatte auf den Stoffkörper. Achten Sie auf einen festen Sitz und auf die Stimmigkeit der Proportionen. Schneiden Sie ein ca. 1 m langes Baumwollgarn in Körperfarbe ab und nehmen Sie die lange Nadel zur Hand. Nähen Sie die Schulterplatte mit ca. sechs Fäden auf jeder Seite an den vorgegebenen Stellen fest. Nun ist Ihre Puppe in den Grundzügen fertig.

Schulterplattenverbinder mit Öse, Dorn und eingezogenem dicken Baumwollgarn.

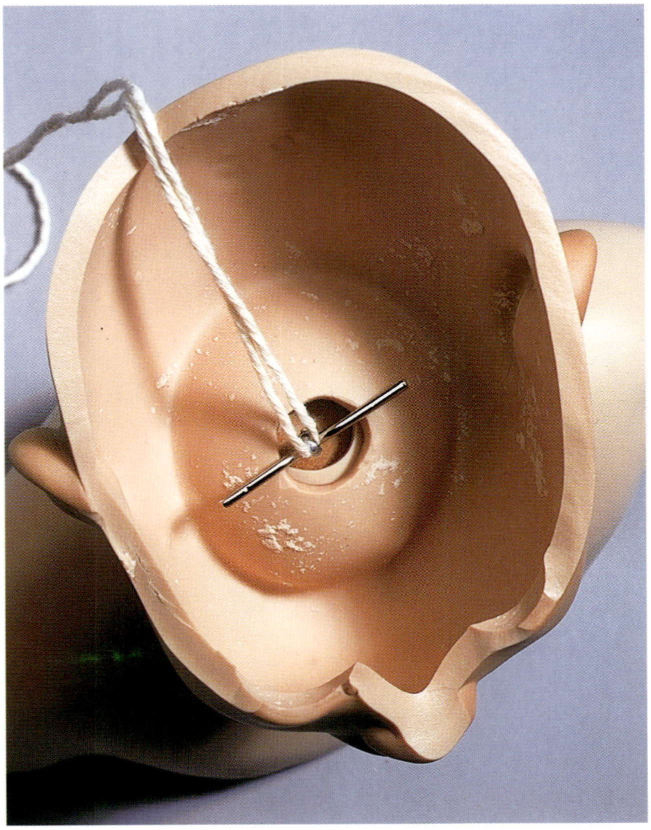

Auf der Schulterplatte aufgesetzter Kopf. Das Garn wird durch das Halsloch geführt.

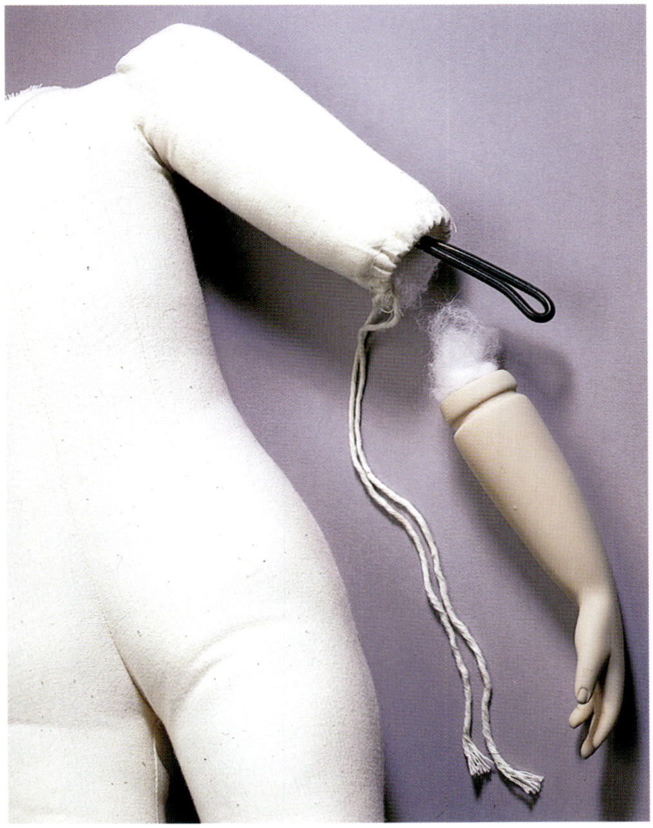

Füllen Sie das Porzellanteil mit etwas Bastelwatte und drücken Sie es in den Stofftunnel des Körpers.

Ziehen Sie das dicke Baumwollgarn in der Einbinderille fest und verknoten Sie es.

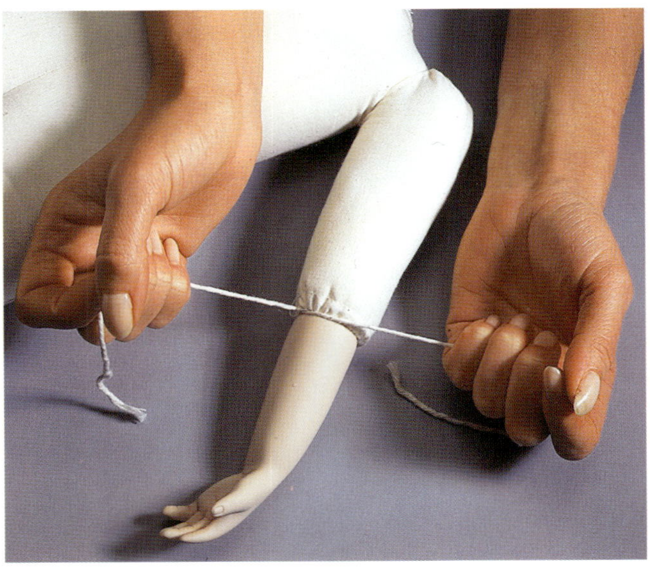

Setzen Sie die Schulterplatte auf den Körper und nähen Sie sie fest.

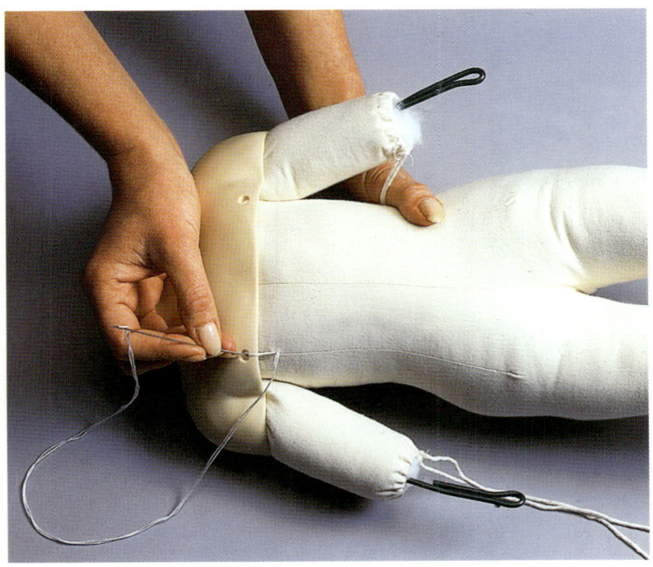

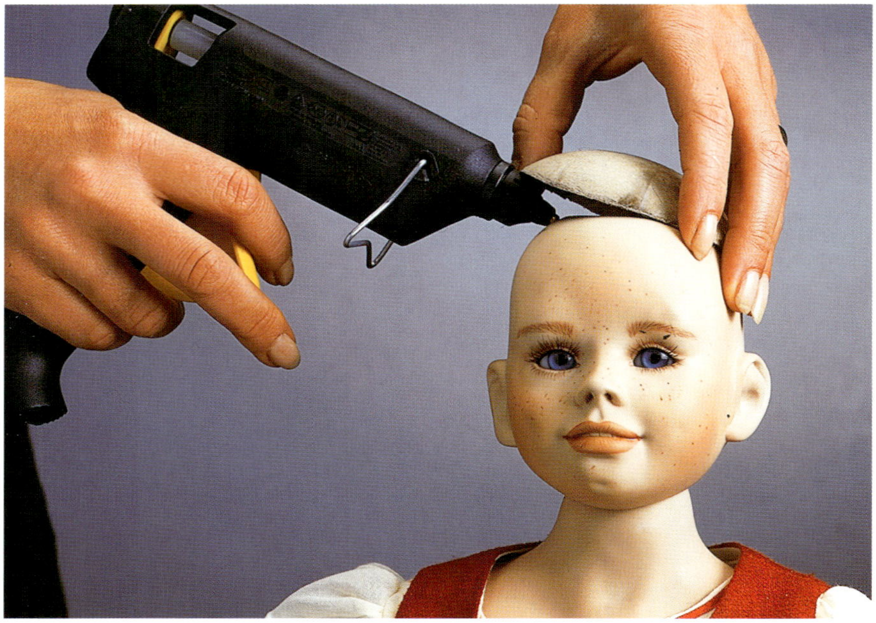

Kopfdeckel aus Papier werden mit der Heißklebepistole oder wasserlöslichem Kleber befestigt.

Befestigen der Perücke

Am besten eignet sich wasserlöslicher Kleber zum Befestigen der Perücken.

Schließen Sie die Kopföffnung mit einem Kopfdeckel. Kleben Sie Kopfdeckel aus Pappe mit der Heißklebepistole fest, Plastikkopfdeckel befestigen Sie besser mit Holzleim. Geben Sie den Leim oder Kleber auf den Rand des Kopfloches und schließen Sie mit dem Deckel die Öffnung. Legen Sie ein Gummiband um den Kopf und lassen Sie den Kleber/Leim antrocknen.

Um die Perücke zu befestigen, streichen Sie auf den Stirnbereich Holzleim und setzen die Perücke an dieser Stelle als erstes an. Antrocknen lassen. Geben Sie nun Leim in den Nackenbereich und stülpen Sie die Perücke ganz über den Kopf. Andrücken und antrocknen lassen. Frisieren Sie Ihre Puppe erst, wenn die Perücke fest angetrocknet ist.

Frisieren

Der größte Teil der am Markt erhältlichen Perücken sind bereits gekämmt und frisiert – natürlich können Sie aber trotzdem Veränderungen durch Haarschmuck oder durch Binden und Flechten vornehmen. Lassen Sie Ihrer Phantasie freien Lauf oder holen Sie sich Anregungen von den Fotos der folgenden Seiten. Auch ein schöner Hut aus Stroh oder eine freche Mütze unterstreicht den Charakter einer Puppe manchmal auf besondere Art. Das gleiche gilt natürlich auch für andere Accessoires wie Tücher, Brillen, Taschen, Schmuck oder ähnliches.

Kleben Sie die Perücke zuerst im Stirnbereich fest.

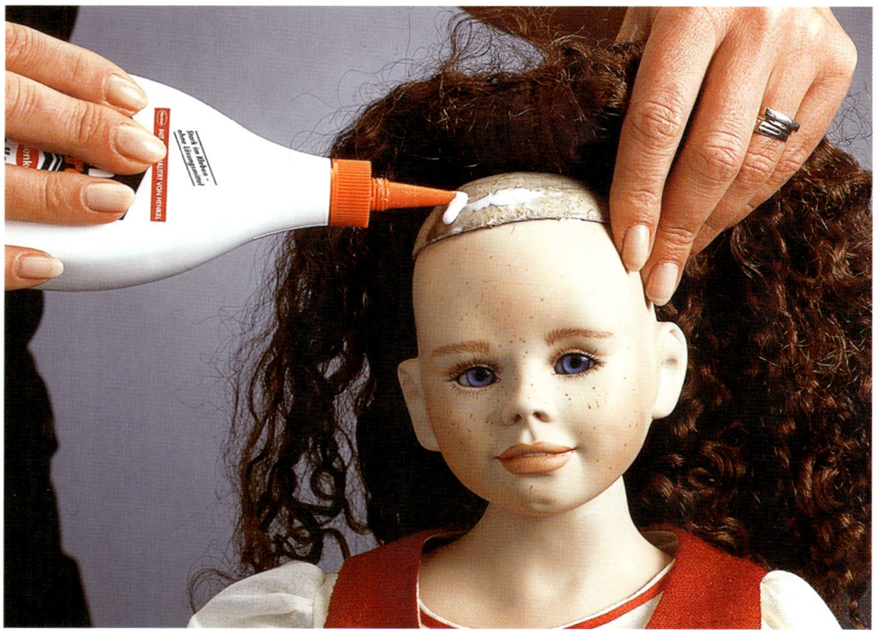

Brille und Hut – schon ist ein pfiffiger Lausbub fertig!

Ankleiden

Oft hat man den Eindruck, daß Puppen nur gemacht werden, um sie anziehen zu können, und natürlich ist das Einkleiden der fertigen Puppe auch ein Genuß. Achten Sie beim Anziehen darauf, daß alles zueinander paßt. Wählen Sie die zu den Augen und der Haarfarbe passende Kleidung oder den passenden Stoff aus.

Eine Puppe sollte auch schöne Wäsche tragen, selbst wenn man sie nicht sieht. Wählen Sie hier eine Farbe und einen Stoff, der zum Oberkleid paßt.

Vervollständigen Sie die Kleidung mit dem passenden Hut oder einer geeigneten Schleife oder Spange fürs Haar.

Schuhe gibt es in fast allen Farben und Größen zu kaufen. Und falls Sie nicht so gerne nähen, ist auch ein großes Sortiment an fertigen Kleidern im Angebot. Nehmen Sie Ihre Puppe aber immer mit zur Anprobe und scheuen Sie kleine Veränderungen in der Länge und Weite nicht. Die Kleider sollen schließlich perfekt passen.

Auf den folgenden Seiten stelle ich Ihnen einige Möglichkeiten vor, Ihre Puppe einzukleiden. Die genauen Schnittvorlagen finden Sie auf beiliegendem Schnittmusterbogen.

So kann man sich beim Stadtbummel sehen lassen!

Ann-Kristin

Stoffverbrauch und Nähzutaten
Kleid und Unterrock:
Seidentaft, 110 cm x 150 cm
Futterstoff 50 cm x 140 cm
Satinband, 0,5 cm breit, 200 cm lang
Tupfentüll für Unterrock, 80 cm x 90 cm
5 Knöpfe
Unterwäsche:
Baumwollbatist, 100 cm x 90 cm
passende Baumwollspitze, 200 cm lang
Schrägband zum Einfassen
Gummilitze
Häkelgarn für Kragen oder fertiger Baumwollstickereikragen

Ann-Kristin trägt ein festliches Kleid aus dunklem Seidentaft mit einem Spitzenkragen.

Zuschnitt
Alle Teile mit 5 mm Nahtzugabe nach Schnittmuster zuschneiden.

Kleid
Falten am Besatz am Vorderteil steppen und bügeln (siehe Zeichnung auf dem Vorlagenbogen), Abnäher an Rückenteil und Ärmel absteppen. Vorderteil und Besatz rechts auf rechts heften und absteppen. Schulternähte schließen und umbügeln.

Falten an den Ärmeln wie vorgegeben legen, stecken und die Ärmel in die Armkugeln am Kleid heften, absteppen und versäubern.

Das Futteroberteil ebenso erstellen. Für die Bindeschleife einen Stoffstreifen von 140 cm x 20 cm zuschneiden, doppelt legen, absteppen und an beiden Enden schräg abnähen. Band in der Mitte auseinanderschneiden und wenden.

Die beiden Bänder rechts auf rechts an die Seitennaht stecken und steppen. Oberteil an der Ärmel- und Seitennaht schließen. Den Rock im Maß 36 cm x 140 cm zuschneiden und zusammennähen, der fertige Rock ist 33 cm lang, die Saumweite beträgt 140 cm. Rockteil am Saum umbügeln und absteppen, am oberen Rand einreihen. Rockteil und Oberteil rechts auf rechts stecken und nähen, Kleid wenden und das Futter rechts auf rechts am Kragen und an der hinteren Mitte heften und absteppen. Kleid wenden und das Futter von Hand in der Taillennaht und am Ärmel mit kleinen Stichen festnähen. Knöpfe und Knopflöcher wie vorgegeben anbringen.

Schön anzusehen: die liebevoll gearbeitete Unterwäsche und der Unterrock aus Tupfentüll.

Unterrock
Zwei Teile im Maß 36 cm x 90 cm zuschneiden und zusammennähen. Die Länge des fertigen Unterrocks beträgt von Saum zu Saum 33 cm, die Saumweite 180 cm.

Am Saum das Satinband so aufnähen, daß es auch gleich als Versäuberung dient. Am oberen Rand einen Tunnel nähen, Rock schließen und Gummilitze in den Tunnel ziehen.

Body
(mit langen Ärmeln und Beinen, siehe Zeichnung Vorlagenbogen)
Schulternähte schließen und versäubern, Ärmelsaum umbügeln, absteppen und rechts auf rechts in die Armkugeln nähen. Seitennähte schließen, Beinsaum bügeln und nähen. Bei beiden Teilen Beininnennaht schließen und versäubern. Beide Teile rechts auf rechts legen und bis zur Markierung am Rücken steppen, Öffnung versäubern. Schrägband an den Ausschnitt heften und dabei an beiden Enden ca. 30 cm überstehen lassen, absteppen. Dieses Band nach dem Anziehen zur Schleife binden.

Ivanko und Watoka

Aus dem Hemdenschnitt läßt sich ganz leicht eine Jacke ohne Ärmel arbeiten; ein Jackett mit langen Ärmeln ist ebenso leicht aus dem Hemdenschnitt abzuleiten. Ebenso können Sie die Länge der Hose variieren und eine Kniebundhose anfertigen oder eine Hose, bei der Sie die Beine lässig aufkrempeln.

Stoffverbrauch und Nähzutaten

Jacke ohne Ärmel:
Steppstoff, 30 cm x 90 cm
passender Futterstoff,
30 cm x 140 cm

Hemd und Unterhose:
weißer Baumwollbatist,
90 cm x 140 cm
5 Knöpfe

Hose
feines Leinen, 60 cm x 140 cm
1 Knopf

Ivanko und Jekatharina plaudern auf der Bank. Jekatharinas Kleid ist eine leichte Abwandlung des Modells auf Seite 67.

Zuschnitt

Alle Teile nach Schnittmuster mit 5 mm Nahtzugabe zuschneiden.

Jacke

Schulternähte an Stoff- und Futterteilen schließen, auseinanderbügeln. Ärmel in der Armkugel rechts auf rechts feststecken und absteppen. Ebenso beim Futter. Ärmel und Seitennaht schließen. Beide Teile rechts auf rechts legen, stecken und absteppen. Jacke wenden, bügeln und Kragen umbügeln. Weste an einer Stelle offen lassen zum Wenden. Nähte glattbügeln.

Unterhose (lang)

Saum umbügeln und absteppen. Beininnennaht schließen. Beide Hosenteile rechts auf rechts stecken und absteppen. An der oberen Kante Saum umbügeln und feststeppen. Gummilitze einziehen.

Frech sieht er aus: Ivanko im Trachten-Outfit.

Hemd
Schulternähte schließen und versäubern. Saum am Ärmel umbügeln und absteppen, Armkugel einreihen oder in kleine Falten legen, feststekken und absteppen, anschließend versäubern. Kragen rechts auf rechts legen und absteppen, umdrehen und an den Kanten sauber ausbügeln. Kragen am Halsausschnitt feststecken und feststeppen, Besatz absteppen, Saum umbügeln und nähen. Knöpfe annähen.

Hose
Für den Hosenbund einen Stoffstreifen 5 cm x 36 cm zuschneiden. Saum umbügeln und ansteppen, Aufschlag bügeln, anheften. Beide Hosenteile rechts auf rechts legen, stecken und absteppen. Beide Hosenteile wenden, rechts auf rechts legen, absteppen, Hose wenden. Tasche versäubern und mittig auf die Rückseite der Hose heften. Feststeppen. Taschenklappe mit Futterstoff verstürzen und an vorgegebener Stelle annähen. Am Hosenvorderteil die Falten X auf 0 legen und feststeppen. Hosenbund anheften und nähen. In den Hosenbund Gummilitze einziehen und an der Seitennaht feststeppen. Hosenschlitz nähen und Knopf anbringen. Bei der Bundhose Bündchenlänge an der Puppe abmessen. Hosensaum in Falten legen, Bündchen annähen, umbügeln, von Hand säumen.

Watoka ist mit einer schicken Weste bekleidet und trägt einen pfiffigen Hut. Sein langes Paar Hosen (Foto Seite 60) kann aufgekrempelt oder auch in Bundhosen verwandelt werden, wie bei Ivanko (Seite 68/69).

Jekatharina

Stoffverbrauch und Nähzutaten
Kleid und Unterrock:
Schleierleinen, 110 cm x 150 cm
Stickereiborte, 220 cm
Satinband, 300 cm lang,
0,5 cm breit
Baumwollspitze für den Unterrock, 130 cm
4 Knöpfe

Unterhose:
Baumwollbatist, 50 cm x 90 cm
passende Baumwollspitze, 100 cm

Weste:
Seidenleinen, 30 cm x 90 cm
Futter, 30 cm x 90 cm
8 Knöpfe

Gummilitze und passendes Nähgarn

Zuschnitt

Alle Teile mit 5 mm Nahtzugabe nach Schnittmuster zuschneiden.

Kleid

Ärmel an der Umbruchlinie umbügeln und absteppen, zweite Naht für den Gummitunnel steppen, Spitze abmessen und auf der Nahtlinie annähen (siehe Zeichnung auf dem Vorlagenbogen). Gummilitze abmessen und in den Tunnel ziehen.

Frühlingshaft zart, mädchenhaft verspielt – Jekatharina.

Festnähen. Armkugel einreihen. Rückenteile und Vorderteile an der Schulternaht schließen und auseinanderbügeln. Ärmel einsetzen und feststeppen. Seitennaht und Ärmelnaht schließen. Futter für das Oberteil an den Schulter- und Seitennähten absteppen. Futterteil rechts auf rechts an das Oberteil stecken und absteppen. Oberteil wenden und die Kanten sauber ausbügeln. Satinband an den oberen Ausschnitt heften, dabei beide Enden um ca. 30 cm überstehen lassen und mit kleinen Stichen festnähen. Aus den überstehenden Enden läßt sich am Rücken eine Schleife binden.

Für den Rock Stoff auf 35 cm x 140 cm zuschneiden.

Am unteren Rockteil die Spitze anbringen und verstürzen, oberen Rockbund auf 36 cm einreihen, an das Oberteil heften und annähen. Die fertige Rocklänge beträgt 35 cm, die fertige Saumweite 140 cm. Das Futteroberteil an den Rockbund heften und von Hand mit kleinen Stichen annähen. Knöpfe annähen, entweder mit kleinen Schlaufen als Verschluß oder mit Knopflöchern.

Unterrock

Saumkante umbügeln und absteppen, Spitze anbringen. Am oberen Rand Umbruch umbügeln und absteppen. Seitennaht schließen und in den Tunnel Gummilitze einziehen.

Unterhose (lang)

Saum an der Unterhose umbügeln und absteppen, Spitze anbringen. In den Saum/Tunnel Gummilitze einziehen. Beininnenaht schließen, beide Teile rechts auf rechts legen und die Mittelnaht absteppen. Am Hosenbund Saum bügeln und absteppen. Gummilitze an der Taille der Puppe abmessen und einziehen.

Weste

Schulternaht an Stoff und Futterteil rechts auf rechts liegend schließen. An beiden Teilen auch die Seitennaht absteppen. Futter und Stoffteil rechts auf rechts legen und am Ausschnitt und am unteren Saum absteppen. Wenden und bügeln, die Armausschnitte von Hand säubern.

Ann-Kristin und Jekatharina, diesmal die eine im frechen Outfit mit Hut und hohen Stiefeln, die andere im romantischen Sommerkleid.

Sammy Dean

Den Anzug von Sammy Dean können Sie auch üppiger mit Spitzen besetzen, dann sieht er ähnlich aus wie die Kleidung von Nana-Sue (Seite 4/5). Natürlich steht er auch jeder anderen Babypuppe gut.

Stoffverbrauch und Nähzutaten
weißer Baumwollstoff,
140 cm x 50 cm
passende weiße Spitze, 300 cm
Satinband, 100 cm lang,
3 mm breit

Zuschnitt
Alle Teile nach Schnittmuster mit 5 mm Nahtzugabe zuschneiden.

Anzug
Vorder- und Rückenteil rechts auf rechts legen und die Schulternähte steppen und versäubern. Ärmel einreihen, rechts auf rechts an die Armausschnitte stecken, steppen und versäubern. Ärmelsaum umbügeln, absteppen, Spitze annähen. Gummi aufnähen. Seiten- und Ärmelnaht steppen und versäubern. Auf der Hosenvorderseite die Spitze aufnähen, Seitennähte rechts auf rechts legen, absteppen und versäubern. Beide Hosenteile wenden. Hosenteile an der Mittelnaht rechts auf rechts legen, stecken und vorne ganz und am Rücken bis zur Markie-

rung steppen und versäubern. Hose am oberen Rand einreihen, an das Oberteil stecken und annähen, versäubern.

Saum umbügeln, steppen, Spitze anbringen und Gummizug annähen.

Beide Kragenteile rechts auf rechts legen, steppen, wenden und bügeln. Am Rand Spitze annähen. Kragen an den Ausschnitt stecken und festnähen. Spitze um den Rand am Ausschnitt legen, aufnähen. Satinband durch die Spitze am Ausschnitt ziehen.

Sammy Dean, vom Mond höchstpersönlich in süße Träume gewiegt.

Brigitte von Messner,

geboren 1960 in Augsburg, hat zunächst eine Ausbildung zur Kauffrau absolviert, dann aber ein Studium an der Europäischen Kunstakademie in Trier (Studium der Farbgestaltung und Aktmalerei) angeschlossen, weil ihr Interesse und ihre Neigung immer der Kunst und der kreativen Arbeit galt. Sie besuchte die Kunstakademie der Handwerkskammer in München und war als Hobby-Designerin tätig. 1993 eröffnete sie ein Künstler-Bedarfs-Geschäft und im Jahr darauf eine vielbesuchte Puppenmacherschule. Hier wurden weit über 1000 Puppen angefertigt.
Aufgrund der Erfolge mit ihren Designerkünstlerpuppen mußte sie bald schweren Herzens auf ihre Tätigkeit als Seminarleiterin verzichten und die Puppenmacherschule und ihr Geschäft aufgeben. Seit 1995 arbeitet sie in ihrem neuen Atelier in Augsburg, wo sie ihre weltweit erfolgreichen Künstlerpuppen mit großem Ideenreichtum und der ihr eigenen Kreativität und Fantasie entwirft und fertigt. Ein Beruf und eine Berufung, die seit 1997 auch die Teilnahme an Wettbewerben nicht mehr zuläßt. Für Puppenliebhaber und Sammler wird sie aber auch künftig immer neue Kunstwerke präsentieren.

Zu ihren **Ausstellungserfolgen** gehören u.a.
Mai 1995 Doll Forum Wien
Mai 1995 Doll Art Frankfurt
Juni 1995 Puppenpräsentation Genf
Oktober 1996 GDS Doll's Brügge
Februar 1997 Toy Fair New York
November 1997 Dollami Eschwege
Februar 1998 Toy Fair New York und Spielwarenmesse Nürnberg
April 1998 Doll Art Santa Fe

Zu ihren **Preisen** zählen u.a.
Mai 1995 Doll Forum Wien,
1. Platz für »Sissi«
Mai 1995 Doll Artisan Guild,
1. Platz, Blaues Band für »Claudin«
Oktober 1995 EuroDoll München,
Goldmedaille für »Norio«
März 1996 Puppenfest Gmunden,
Goldmedaille für »Claudin«
September 1996 EuroDoll Bregenz,
1. Platz EuroDoll-Preis für »Meerjungfrauen« und 1. Platz für »Sikkim«

Gewidmet meinem Ehemann Herbert

Ein herzliches Danke für die Mithilfe und Unterstützung an Frau Monika Schmid und Frau Sabine Streit.

Die Deutsche Bibliothek – CIP-Einheitsaufnahme

Porzellanpuppen selber machen und gestalten : Material – Techniken – Schnittmusterbogen / Brigitte von Messner. [Fotogr.: Klaus Lipa]. – Augsburg : Augustus-Verl., 1998
ISBN 3-8043-0513-X

Zum gleichen Themenkreis sind im Augustus Verlag u.a. folgende Titel erschienen:
Wollitz: Formenbau für Puppenmacher
Günzel: Künstlerpuppen selber machen
Dodge: Puppenkleider selber machen

Die in diesem Buch verwendeten Formen sind erhältlich bei der
Firma FINE HOBBY *Vertriebs GmbH*
Werkstraße 4
76477 Elchesheim/Illingen
Tel.: 0 72 45 / 93 72 90
Fax.: 0 72 45 / 93 72 98

Fotografie: Seite 54 oben, Gerald Schrall, alle übrigen Fotos Klaus Lipa, Augsburg
Lektorat: Andrea Müh
Umschlaggestaltung: Abraxas Werbegrafik, Karina Stieler, Augsburg
Layout: Anton Walter, Gundelfingen

AUGUSTUS VERLAG AUGSBURG 1998
© Weltbild Verlag GmbH, Augsburg

Satz: Gesetzt aus 10 Punkt Novarese Book von DTP-Design Walter, Gundelfingen
Reproduktion: GAV PrePress, Gerstetten
Druck und Bindung: Appl, Wemding

Gedruckt auf 135 g umweltfreundlich chlorfrei gebleichtes Papier.

ISBN 3-8043-0513-X

Printed in Germany